自己动手

做美味的高级点心

（日）辻口博启　著
李　瀛　译

辽宁科学技术出版社
·沈阳·

目　录

撰　　文：斋藤优子
摄　　像：岩本庆三
　　　　　吉田和行
　　　　　大久保正彦
封面目录设计：马场成子
版式设计：伊贺末奈子
　　　　　柳本共二
　　　　　铃木严夫
插　　图：Tobii Rutsu

点心制作的基本原则

这次请作者为我们示范了多种蛋糕。除了自己本身的体会，还有作者不厌其烦一再交代的事项，都是制作点心的重要基本原则。

事先预热是不变的法则 至于该烤多久 食谱上写的时间只作参考

有关烘烤的时间，本书以近乎唠叨的方式写着"放进事先预热到××℃的烤箱烤××分钟"。原因在于如果等到要把面团放进烤箱，才慢条斯理地转上烤箱，那么就得等上一段时间，烤箱才会变热，如此一来，烘烤的时间也会跟着改变。不过，预热烤箱只能算是避免失败的第一步。就算按照食谱，把烤箱预热到指定温度，也很难保证只要烤几分钟就一定OK。烤箱的种类不同，烤出来的效果也不一样，例如煤气烤出来的色泽就是比电热的漂亮；烤箱的大小也会影响烘焙时间。总之，误差是避免不了的。所以，只要时间快到了，一定得用自己的眼睛和手指，确认烘焙熟度。这样才能确定烤的时间到底要比食谱上写的长还是短，还有哪个部位最容易烤熟。多做几次，从经验中掌握自家烤箱的性能很重要。

一定要用木勺把面糊或鲜奶油舀得干干净净 如果残留在碗底，会改变烘焙的状态

看见作者制作蛋糕的过程以后，有了惊人的发现。作者把面糊或鲜奶油倒出来以后，一定用橡胶刮刀把碗底舀得一丝不剩，干净的程度就像洗过一样。除了碗底，残留在搅拌器和刮勺的面糊和鲜奶油也通通清理得干干净净。看他的样子，仿佛理所当然，一点也不心疼。原来，如果剩下的面糊或鲜奶油也跟着搅拌进去，会破坏原本精确的分量，使得烤出来的成果也受到影响。费尽力气，好不容易才将材料打发，但只要让面糊或鲜奶油残留在碗底，所有的努力就付诸东流了。或者很多人不以为然，其实这一点也是做出好吃蛋糕的诀窍呢。

制作点心时 量分量不能用目测法 一定要量得很精确 误差只能在1克以内

测量制作点心的分量时，没有"差不多"，也没有"少许"这几个字。就算有，顶多仅限最后加工所撒上的糖粉和可可粉。主要材料的话，一定都以克为单位，甚至精细到零点几克。原因在于，明胶只要差0.1克，凝固的情况便会走样。所以，最好准备好电子秤。正式动手制作点心前，第一步是备好所有材料，并量出精确的分量。本书之所以在说明制作步骤前，先放上一张全部材料大合照的相片，便是基于此因。

蛋仔细量好分量，但材料若搁置太久还是会前功尽弃。直到制作之前都不可以忽视材料的温度控管

材料不是量好就没事了。别忘了鲜奶油要先放回冰箱冷藏，等到要使用时再拿出来。打发鲜奶油的作业之所以要在用冰水冷却的情况下进行，是为了呈现鲜奶油入口即化、软滑绵密的口感。量好鲜奶油的分量以后，如果放着没马上使用，口感一定大打折扣。相反的，和糖粉一块搅拌的奶油，过硬的话很难处理。所以，不要放进冰箱，而是置于室温下，使其回温，让奶油恢复成用手指一压就凹的硬度。不过，即使要回温，也不能把奶油放在炉火边。炉火虽然能软化奶油，但一不小心就会让奶油完全至融化。很多人一把分量量好，却往往忘了后续的处理。但想做出好吃的点心，材料的管理也是很重要的。

面粉过筛确实有其必要 如果偷懒省略 就做不出美味的甜点了

低筋面粉要事先过筛。很多人大概会想：只要面粉不结块，不用过筛也没关系吧。其实，过筛的目的并非只为了防止结块。如果是用海绵蛋糕作饼底的点心，过筛也是为了让面粉内饱含空气，呈现蓬松柔软的口感。另外，把融化的奶油加入打发的蛋汁里搅拌时，也要特别注意。把少量的面糊加入奶油搅拌后，再倒进全部的面糊时，虽然直接把奶油放进去看似并无大碍，其实万万不可。因为这样会压坏好不容易才打好的气泡。一定要让面糊在原本的状态下才能搅拌。制作舒芙蕾时，之所以先把一半加热好的牛奶倒进蛋汁，再倒回锅内，就是避免蛋汁直接被加热。这样倒过来又倒回去的操作虽然麻烦，但确实有其必要。如果偷懒省略，就做不出美味的蛋糕了。所以千万不要简化步骤，一定要切实跟着食谱进行。

道具的保养也是制作步骤之一 一滴没有拭干的水 也会对成品有所影响

作者所用的碗，上面连一滴水都没有。因为，他在放进材料以前，已经拿着碗对着灯光，检查上面是否有脏污，或者还残留着水珠。简直到了神经质的地步。其实，很多人就算仔细地把碗清洗干净，却往往忘了擦干这道手续。有时即使只留下一滴水，也足以改变点心原有的状态；更严重的是卫生问题。不论打蛋器、木勺、挤花口模还是烤模，别忘了道具的清洁也是制作步骤的一环。

制作点心的砂糖就是白砂糖 如果没有事先掌握材料方面的常识 也无法开始动手制作

在点心制作的世界中，奶油指的就是无盐奶油；砂糖就是白砂糖；面粉就是低筋面粉。当然也有例外：派类的面团就会用到高筋面粉，也有些点心得使用有盐或发酵奶油才行；另外，也有某些种类的甜点会用到法国红糖或糖粉。但基本上是这样。添加奶油的用意并非在于调味，而是增添点心的风味和色泽，同时让味道的层次更加分明，所以采用无盐奶油。此外，提到手粉，绝大部分是高筋面粉。因为，使用低筋面粉的点心如果也用低筋面粉当作手粉，分量会产生出入。至于牛奶，请记住不论制作的是什么点心，使用的一律是未调整的全脂鲜乳。

辻口博启

1976年出生于日本石川，是日本“红屋”点心店的第三代掌门人。高中毕业后，为追求更精湛的甜点制作技艺，前往日本东京进入法式蛋糕店工作。此外，还广泛活动于电视、出版、大型活动、企业咨询等各个领域。

1990年　获得日本全国糕点大赛冠军，时年23岁，成为有史以来最年轻的冠军
1995年　获得Coupe du France Inernational 杯冠军
1997年　获得Coupe du monde（World Cup）杯冠军
1998年　在日本创立法式蛋糕店Mont St.Clair，现为七星级店主
2006年　在家乡建立辻口博启美术馆

白桃与白胡椒果酱

confiture de pêche blanche et poivre blanc

在作者的法式果酱专卖店，可以找到好几种由水果和香料做成的果酱。香料的风味能提升水果的甜味，让味道显得更有变化，具备一种单靠水果所无法完成的独特美味。白胡椒的颗粒感，为果酱带来丰富的口感。熬煮的时间很短，只要一下子即可完成。因为希望能吃出桃子果肉的口感，所以减少了砂糖的分量。单吃就很美味，或者也可以拌进酸奶一起享用。

材料（约300g）

白桃……………………3颗（400g）
砂糖…………………………200g
白胡椒………………………20粒

最好选择熟至一定程度，吃起来很美味的桃子。因黑胡椒的味道过强，所以尽量选择白胡椒，并且磨碎后再使用。

1 把果肉切成稍微大块一点

桃子洗净后剥皮，再切成2cm大小的方块。桃子的外皮带有细毛，所以使用之前要洗干净。但是，如果把果肉切得太小，又很容易煮变形。

2 桃子和白砂糖混合后静置一段时间

把桃子和砂糖倒进碗内混合，静置30分钟至1小时。只要放到桃子出水，砂糖也溶化了即可。

3 先煮到沸腾并捞出浮沫

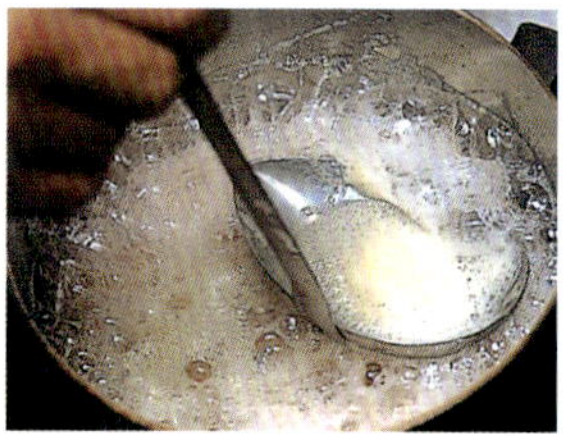

把2放进锅内，开大火加热。没多久锅内便开始沸腾，再捞出浮沫。

4 煮到果肉的边缘稍微变形

捞出浮沫后，调为中火，接着再煮一段时间。大约煮到果肉的边缘有些变形即可。时间为5～10分钟。浓度随着放置时间的延长而增加。

5 白胡椒要等到快完成再放进去

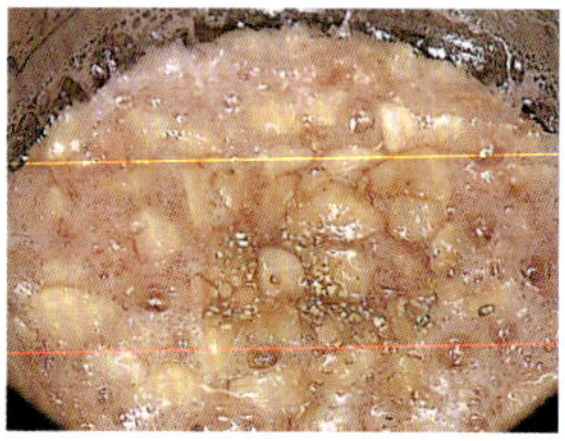

加入用刀背压碎的白胡椒，迅速搅拌后就完成了。为了不让风味流失，白胡椒等到快完成再放。

凤梨与覆盆子果酱

confiture d'ananas et fraise des bois

这道果酱是两种水果的组合。凤梨的甜味，加上覆盆子的酸味，交织出酸酸甜甜的绝妙滋味。制作的重点是要保留凤梨的果肉口感，但覆盆子的颗粒要化为无形。也可以用草莓取代覆盆子。想要让味道更加多元化，不妨加点八角或白胡椒、野草莓酒。

材料（约200g）

凤梨……………………………200g
覆盆子（冷冻）…………100g
白砂糖………………………150g

因为熬煮的时间不长，所以最好选择单吃就很美味的凤梨。覆盆子用冷冻品即可。

1

凤梨去皮和内心，切成约2cm的方块。凤梨比较耐煮，但也要和白桃一样，保有果肉的颗粒，所以不要切得太小。

2 把砂糖和水果放进碗中，放置一晚

把凤梨、覆盆子、白砂糖倒进碗中，静置一晚。可以把覆盆子直接从冷冻库拿出来放在碗中。这么一来，水果在砂糖的渗透压下会不断出水，可以缩短熬煮的时间。

3

照片中的样子是放了一晚后的结果。虽然一滴水也没加，但水果本身释出的水分却相当可观，味道也和砂糖混为一体了。

4

开中火，加热一段时间。理想的成果应该比照片中再稀一点；看到照片中的凤梨依然保持鲜黄色，代表熬煮的时间还不够久。

5 等到凤梨被染为红色就完成了

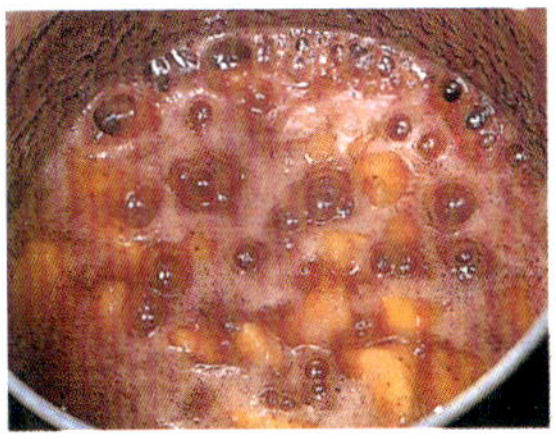

煮到覆盆子完全消失、凤梨也稍微被染成红色，代表差不多要完成了。全程需15～20分钟。果酱做好后，随着放置时间的延长，稠度会略微增加，所以在还有点稀的状态关火。

牛奶酱

confiture au lait

牛奶酱在法国很常见。不过就像颜色所呈现的，尝起来的味道与其说是牛奶，不如说是焦糖味才更为贴切。请动手试试，品尝它的甘甜滋味。

材料（约220g的瓶子一罐）

砂糖……………………………100g
上白糖………………………… 25g
牛奶（全脂）………………150g
果胶……………………………2.5g

第一步是备料。砂糖要放进锅内煮成焦糖。上白糖是后来加的，目的是增加甜味。牛奶是果酱的主角，所以尽量选用品质好的。先把牛奶加热至快要沸腾。果胶的作用是便于材料凝固。

1 先把上白糖和果胶混在一起

上白糖和果胶要搅匀。搅拌如果不均匀，等到果酱起稠时，会无法顺利结块。

2 倒进砂糖用中火加热

把砂糖倒进锅内，以较弱的中火加热。火太大周围容易烧焦。一定要仔细搅拌，让砂糖彻底融化，这样才不会烧焦。

3 变成焦糖状以后开火

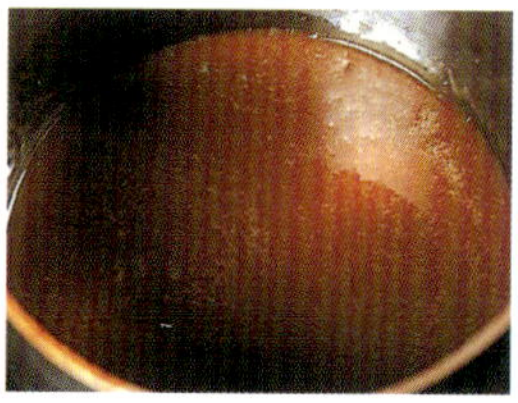

加热一段时间之后，砂糖会逐渐融化。继续加热，透明的水饴会化为茶色的焦糖。此时就可以关火了。如果再煮下去，不但破坏色泽，焦糖也会产生苦味。关火后，利用余热用转动锅子的方法继续加温，这样颜色就会变得很漂亮。

4 分2～3次后倒入已经加热的牛奶

关火后，分2～3次在锅内倒入事先加热的牛奶。冷牛奶无法和焦糖水乳交融，记得一定要事先加热。

5

加入牛奶以后，如照片所示，一下子就沸腾了。

6

再煮一段时间，锅内便会平静下来。重复这个步骤2～3次，把牛奶全部倒入。

7 用牛奶稀释焦糖浓度，煮到一片浓稠

再度点火，用牛奶稀释焦糖的浓度。等到焦糖和牛奶充分混匀，继续加热，把分量熬煮到只剩1/3。熬煮时一定要勤搅拌。

8 等到分量只剩1/3时加入果胶

等到颜色变得像照片一样，再放入事先拌好的砂糖和果胶，增加甜度和稠度。

9

待上白糖与果胶完全熔解，用勺子搅动锅底，形成舀起也不会马上滴落的稠度即可。牛奶酱放凉后会变硬，所以最好趁热把锅内的酱移到瓶内。

覆盆子法式果酱

confiture de franboises

这道覆盆子果酱带有清爽的酸味，只要使用冷冻的覆盆子即可。做好的果酱除了拿来涂面包，也可以当作可丽饼或磅蛋糕的馅料。

材料（小陶锅1个）

覆盆子……………………………70g
三温糖……………………………100g
柠檬汁……………………………少许

制作前先准备好材料。覆盆子使用冷冻品即可。除了覆盆子，也可使用木莓、蔓越莓或草莓等。使用甜味更加温和的三温糖，更添果酱的美味。柠檬汁的量，可依水果的酸度调整。

1 把三温糖撒在覆盆子上面静置约1小时

把覆盆子和三温糖放入锅中，迅速搅拌后，静置约1小时。如果能在制作的前一天晚上操作更好。放置的目的是让砂糖引出水果的酸味和甜味；如照片所示，碗中已囤积不少覆盆子释出的果汁。

2

开大火加热，同时用打蛋器压着覆盆子，在锅内不断搅拌。如果火太小，果酱的颜色会不漂亮。边搅拌边加热，是为了让覆盆子释出稠度。沸腾后，再煮1分钟即可。这时，用勺子拨开锅底，如果空白处马上被果酱覆盖，代表已经好了。放凉后，稠度会稍微再增加一些。所以，完成时的稠度应介于果酱和酱汁之间。

卷心米蛋糕

Roulé au riz farine

制作蛋糕体

材料（约28cm长的蛋糕1条）

全蛋 100g（接近2个中型鸡蛋）
白砂糖………………………… 45g
米粉…………………………… 45g
无盐奶油……………………… 12g
蜂蜜…………………………2.5g

把蛋黄和蛋白搅拌均匀。米粉（Riz Farine）使用前，不必过筛。在烤盘和烤模上先铺好烘焙纸。

1

把无盐奶油和蜂蜜倒进碗中，用隔水加热的方法融化。或者放进微波炉加热30秒。

2

使用另一个碗，加入白砂糖后，再用隔水加热的方法加热打好的蛋汁，再用手提电动搅拌器用画圈的方法高速搅拌。隔水加热使蛋汁比较容易打发。

这道蛋糕很特别。因为它是用Riz Farine这种颗粒磨得很细的米粉做成。用米粉做的蛋糕，弹性特别好，吃起来有一股用面粉做成的蛋糕所没有的新鲜感，很好吃。喜欢这种口感的甜点迷也快速的增加。米粉和面粉不同，不必过筛就可以直接使用，所以也省了不少工夫。在一般烘焙材料行就可以买到，不妨在家里试着做做看。这里连鲜奶油也加了抹茶，吃起来更有日式风味。

3 打发至米糊会慢慢滴落的程度

慢慢地打发。打至颜色偏白、重量感增加以后，把电动搅拌器降为中速。继续搅拌。降速后，打出来的气泡更为细致，即使加入米粉，气泡也不容易被压扁。

4 用切下去的方法拌入米粉

一口气加入所有的米粉；为了不把气泡压扁，用从下往上的方法翻起搅拌。过度搅拌会压坏气泡，做不出蓬松的口感。只要打到看不见还有白色的粉末颗粒即可。

5 把少量的米糊倒进1中，再倒回整碗米糊

把少许米糊加入1的奶油与蜂蜜，仔细搅拌后，再倒回整碗米糊。接着继续搅拌。如果直接把奶油和蜂蜜倒进米糊，会压扁好不容易打发的气泡。少量的蜂蜜，可以让烤出来的口感更加润滑。

6 把米糊倒入烤模，用170°C烤

把米糊倒入烤模后，先用抹刀刮平表面，再放进预热至170°C的烤箱，烘焙7～8分钟。气泡会随着时间的增加逐渐扁塌，所以完成后要尽快放进烤箱。烤好后，放在一旁，使蛋糕完全凉掉。

7 在烤成咖啡色的那面抹上奶油

抽张烘焙纸，再把烤成咖啡色的那面朝上放好。接着涂上抹茶鲜奶油，抹匀。奶油的厚度是3～5mm。

8 把蛋糕放在烘焙纸上塑形

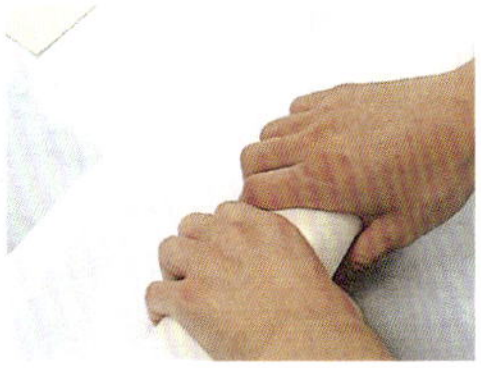

用烘焙纸包住蛋糕卷起，再轻轻压住，向外卷，直到卷完整张纸。卷得太松，蛋糕容易破掉，所以卷的时候一定得动作快。从烘焙纸上方轻轻握住蛋糕塑好形后，放进冰箱冷藏约10分钟，让奶油定型。

制作鲜奶油

材料（约28cm长的蛋糕1条）

鲜奶油（47%）……………100g

鲜奶油（35%）……………100g

砂糖……………………………15g

抹茶……………………………2g

如果选用脂肪含量47%的鲜奶油制作，做出来的抹茶鲜奶油会显得稍微厚重，所以最好改用含量35%的。选择抹茶粉时，最重要的不是颜色，而是香味。

1 把抹茶和白砂糖混在一起

先把抹茶和砂糖混在一起，搅拌均匀。这道工序，可以让抹茶更容易混进鲜奶油。

2 用少量多次的方法把抹茶混于鲜奶油

把1的抹茶少量加入一点点鲜奶油里，用打蛋器搅拌。搅匀后，再加入少量的鲜奶油和抹茶。慢慢加入才能混匀，不会结块。

3 打发奶油的同时用冰水冰镇

鲜奶油和抹茶全部混匀后，用冰水冷却碗底，再用手持电动搅拌器打发。冷却可以让鲜奶油变得更细致，口感也更为绵密。

4 仔细搅拌，直到舀起时能拉出尖角

如照片所示，鲜奶油用打蛋器舀起时，被拉出尖角，而且不会马上滴落。过度打发会造成鲜奶油分离。初学者可以先用打蛋器搅拌到一定程度，接着再改用手持电动搅拌器。

红豆薄荷酥皮派

gâteau japonais aux haricots rouges à la menthe

首先，把制作凤梨香蕉酥皮卷（P78）时也会用到的酥面皮扭成茶巾造型，这么一来，外观也会带有几分日式风味了。接着在里面包入杏仁奶油酱和红豆馅，再放进烤箱烤。令人诧异的是，红豆馅烤过以后，味道也随之一变，就算用在西点上，也完全不会给人突兀之感。所以请大家务必要试试看。相信一试上瘾的人，想必不在少数。

材料（5个份）

第一步是备料。准备市售的红豆馅。把酥面皮裁切成30cm的正方形，共准备10片。如果还有多余面皮，先冷冻起来，等到下次需要时，移到冷藏解冻就可以使用了。另外还要准备融化的奶油和最后加工用的砂糖。杏仁奶油酱的做法请参照P64。

- 杏仁奶油酱……………………100g
- 红豆馅…………………………100g
- 薄荷叶…………………………15片
- 薄荷酒…………………………少量
- 酥面皮…………………………10片

1 在红豆馅里倒几滴薄荷酒

在红豆馅里倒几滴薄荷酒，仔细搅拌。少量的薄荷酒可以达到提味的效果；加太多，反而会盖过红豆的风味。

2 将两片酥面皮交叉重叠

把融化的奶油抹在酥面皮上。以防止酥面皮变干。另外，奶油也能增加烘烤时的香味。把两张面皮重叠后，上面的面皮也要涂抹奶油。

3 把酥面皮放进圆形烤模

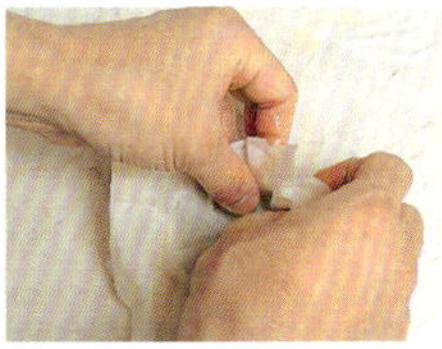

把面皮塞进小陶锅或派挞烤模。面皮很薄，操作时请格外小心，以免弄破。为了使面皮和烤模完全贴合，一定要把面皮牢牢压进底部。

4 填入杏仁奶油酱

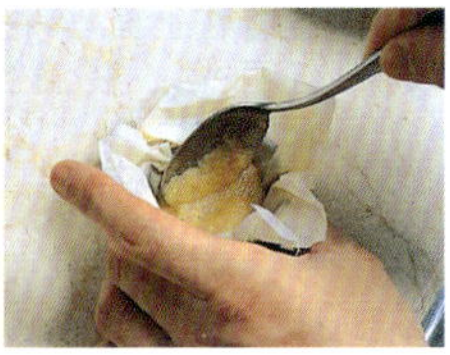

把杏仁奶油酱填满半个烤模。可以先把酱装进挤花袋再挤出来，或者直接用汤匙舀也行。

5 重叠铺上薄荷叶

在填好的杏仁奶油酱上铺上3片薄荷叶。红豆馅已加了薄荷酒调味，如果再铺上薄荷叶，味道会更加突出。不过，烤过以后，几乎吃不出薄荷的味道。

6

舀进满满的红豆馅抹平

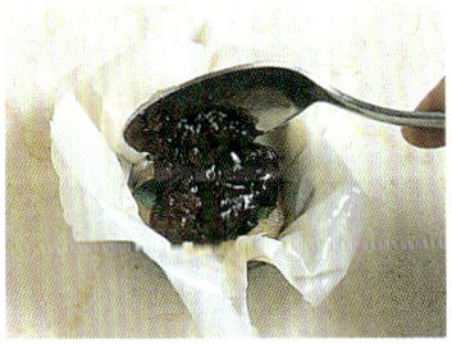

接着在上面舀入大量的红豆馅，装满整个烤模。最后用汤匙轻轻抹平表面。

7

轻轻压住面皮拧转成茶巾造型

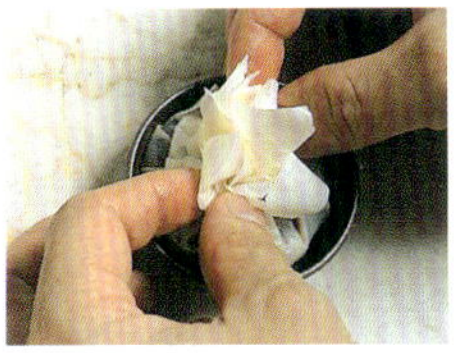

捏住面皮，拧转成茶巾造型。拧得太用力，面皮容易破掉，所以要保持轻柔的动作。拧好后，就可直接送进烤箱。

8

在面皮上撒上砂糖。

9

用165°C烤20分钟脱模后，再烤5分钟

放进预热至165°C的烤箱烤20分钟。20分钟后，就会变成照片中的模样。从烤箱取出后，把融化奶油抹在会和烤模接触的部位，再度送进烤箱烤5分钟。只要周围也烤出金黄的色泽就大功告成了。

抹茶磅蛋糕

cake au thé vert

作者的店里陈列了很多用抹茶制作的点心，包括果酱、卷心蛋糕、司康、费南雪等，种类多到无法胜数。无论是哪一种点心，作者在制作时最在意的重点是：抹茶的香味。所以，在家制作这道蛋糕时，请尽量选择香味宜人、品质好的抹茶。选择时，除了色泽，最好还能亲手拈起茶粉，确认香味的品质再决定。只要选择品质良好的抹茶，这道点心就成功一半了。至于做法，可说简单至极，只要把所有的材料混在一起再烤就好了，所以即使是烘焙新手，也能烤出美味的蛋糕。

　　这次制作的是很单纯的抹茶磅蛋糕；如果把面糊倒进烤模后，最后在上面放点红豆馅，滋味更佳。

材料（8cm长的磅蛋糕烤模6个）

无盐奶油先放在室温下回温。如果还不熟练，先把全蛋和蛋黄打在一起再搅拌无妨。抹茶最好选择香气芬芳的茶粉。

- 无盐奶油……100g
- 砂糖……80g
- 全蛋……60g（中型鸡蛋1个）
- 蛋黄……20g（中型鸡蛋1个）
- 抹茶……7g
- 低筋面粉……110g
- 发粉……5g
- 炼乳……20g

1

把低筋面粉、抹茶、发粉放进粉筛，混在一起。

2

用手翻动抹茶粉，帮助粉类混匀。事先把粉混在一起，可以混得比较均匀。

3 把抹茶和低筋面粉混在一起后，过筛

用粉筛过筛。最好筛两次。如照片所示，只要抹茶和面粉均匀地和在一起就可以了。过筛的目的是避免粉类结块。

4 把砂糖和奶油混在一起

把无盐奶油放进碗中，用打蛋器搅拌成膏状。然后加入砂糖继续搅拌，直到颗粒感完全消失。

5 分次倒入蛋汁搅拌

用少量多次的方法倒入蛋黄和全蛋搅拌。一次倒入全部，反而变得很难搅拌。

6

蛋汁打好的样子。只有倒入蛋的时候，搅拌起来才有分离的感觉；继续搅拌之后，如照片所示，变得十分润滑。

7 混入炼乳

倒入炼乳，继续搅拌。加进炼乳后，蛋糕的香味会变得更迷人。

8 用大力切下的方法混入过筛的粉类

加入3的粉类，用橡胶刮刀从下往上翻起搅拌。但也不能搅拌过度，否则面团会变得很沉重。

9

照片中的面糊是已经搅拌好的状态。粉类已经均匀地混在一起；颜色也成了抹茶色。

10 放进预热至160℃的烤箱，烤20～30分钟

把面糊装入挤花袋，再挤到磅蛋糕的烤模，六七分满即可。烤好后，正中央会鼓起来，所以放进烤箱前，先把面糊往下压一点。接着放进预热至160℃的烤箱，烤20～30分钟。烤好后，用竹签插进蛋糕，拔出时没有蛋糕附着代表已经烤好了。

请尝试用全新的素材制作口感新奇的蛋糕

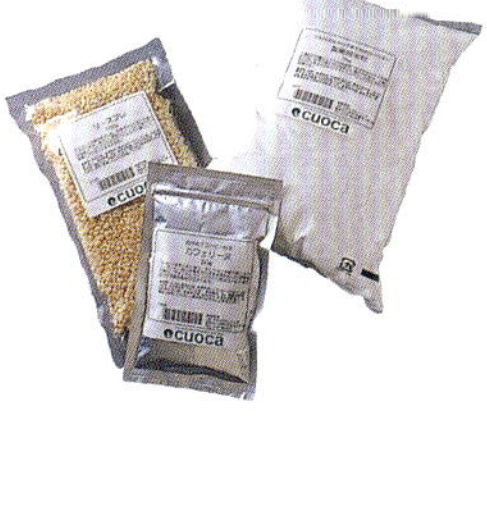

或许看了P10的米蛋糕、P20的细咖啡粉、P16的米饼干，很多人还是一头雾水：这些到底是什么玩意！其实，这些都是作者和制粉公司合作，为了制作蛋糕所共同开发的新素材。Riz Farine是一种完全不添加面粉的超微粒米粉，可以用来制作海绵蛋糕体和卡士达酱，可说是前所未有的新素材。使用起来比面粉更方便，请大家务必试试看。不论是香味过人的咖啡微粒，还是用糯米经过特殊加工而成的Riz Souffle，价格都和Riz Farine一样平易近人。

米饼干

sablé au riz soufflé

前面已经介绍过用米粉制作的卷心蛋糕。接下来要介绍的米饼干，虽然外观看起来截然不同，其实使用的Riz Soufflé也属于米粉之一。做法是先把米粉晒干，再煎制而成。所以，它的口感就像米果般酥脆。可以在面团里加点，也可以在面团上撒一点再放进烤箱烤，不但可以丰富口感的变化性，同时也赋予点心一种全新的风貌。一般而言，若要增加饼干酥脆的口感，最正统的做法是添加杏仁或椰丝等坚果类。但是米粉的油脂量较低，而且口感更为轻盈，吃起来更无负担。一口咬下时，饼干应声而裂的酥脆感叫人一吃难忘。

材料（约30粒）

无盐奶油……150g
糖粉……60g
盐……5g
全蛋… 19g（1/3个中型鸡蛋）
低筋面粉……150g
可可粉（无糖）……23g
米粉……40g

仔细搅拌，让蛋黄和蛋白混合。低筋面粉和可可粉先混匀，再一起过筛。无盐奶油先放置在室温下回软。另外，准备额外的高筋面粉，当作手粉之用。如果用低筋面粉当手粉，会改变面团的分量，所以改用高筋面粉。可可粉要用无糖的种类。

1

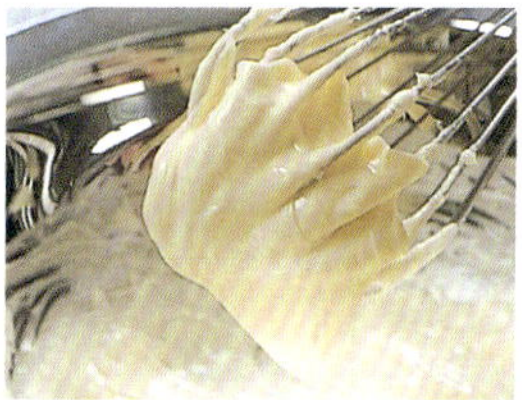

把无盐奶油放进碗中，用打蛋器打成膏状。

2 将奶油和砂糖仔细搅拌在一起

接着倒入糖粉，和奶油一起搅拌，直到看不到糖粉白色的颗粒。之所以使用糖粉，是因为它比砂糖容易和奶油混匀。

3 用少量多次的方法把蛋汁混入奶油

加入少许蛋汁，仔细搅拌。等到蛋汁的黄色部分消失，颜色变得非常均匀，再倒入少量蛋汁，继续搅拌。一次倒入所有的蛋汁很难混匀，一定要分次加入。

4 加入米粉来增加口感的变化

加入米粉，均匀搅拌。虽然米粉的量不多，却能让口感展现更多的变化。

5 混入过筛的低筋面粉和可可粉

把事先过筛的低筋面粉和可可粉、盐加入4的面团。这类面团不像海绵蛋糕的面团那么需要小心呵护，所以搅拌方法不必太过讲究。

6 搅拌好的面团像这个样子

只要低筋面粉和可可粉完全混匀就可以了。搅拌好的面团就像照片中的样子。

7 把面团放进冰箱冷藏2~3小时使其发酵

把面团整理成一大块，用保鲜膜包好后，放进冰箱冷藏2~3小时，使其发酵。目的是让材料入味。这种奶油含量高的面团较容易松弛，所以做起来也比较容易。

8

从冰箱取出面团，放在撒上一层薄薄手粉（高筋面粉）的操作台上。因为面团容易松弛，所以最好放在不锈钢等温度低的台子上。

9

裹上手粉的同时，将面团整理成直径约2cm的圆筒形，再切成1cm宽的小块。由于面团很容易软化，因此，动作一定要快。

10 用160°C烤20分钟

把一块块面团捏成圆形，再排在烤盘上。撒上可可粉后，放进预热到160°C的烤箱烤20分钟。烤好之后，面团会膨胀有如照片中可爱的造型。

生巧克力

pavé au chocolat

生巧克力的质地柔软细滑，入口即化。或许很多人会怀疑，在家真的做得出来吗？其实，生巧克力的做法很简单。首先把水饴和鲜奶油搅匀。加热到沸腾后，倒入融化的巧克力，搅拌再冷却就完成了。成功的窍门在于搅拌方法和温度控制。维持一定的温度很重要，这样才能让巧克力的油脂和鲜奶油的水分水乳交融。只要搅拌时不让空气进入，完成的就是入口即融的美味生巧克力。另外一项关键是巧克力的品质。虽然价格有点昂贵，但如果舍得使用法芙娜（Valrhona）等高级品牌的烘焙用巧克力，做出来的生巧克力不但香气怡人，味道也十分美味。遇到情人节等特殊节日，不妨挑战一下。

材料（2cm块状的巧克力约80颗）

牛奶巧克力……………………340g
鲜奶油………………………160g
水饴…………………………20g
可可粉（无糖）……………适量

准备制作材料。巧克力用的是可可含量40%的牛奶巧克力。如果用的不是烘焙专用巧克力也无妨，只要用刀切碎也能快速融化。鲜奶油最好使用乳脂肪约42%的高脂肪种类，做出来的成品更为好吃。

1 用45～50℃的热水隔水加热巧克力使其融化

把切碎的巧克力倒进碗中，用45～50℃的热水隔水加热，使其融化。如果温度过高，巧克力容易烧焦，甚至会油水分离。

2 以不要让空气进入的方式搅拌巧克力成泥状

用橡胶刮刀等搅拌，并注意尽量不要让空气进入。用打蛋器搅拌容易流入空气，导致巧克力口感不佳。如照片所示，只要搅拌至巧克力完全变成膏状，不再残有颗粒，而且温度达到45℃就可以了。

3

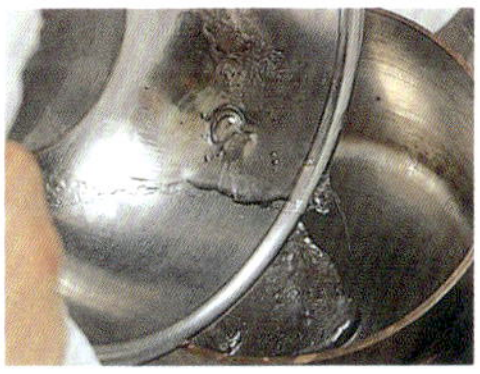

把水饴倒入碗中，隔水加热或放入微波炉加热，使其软化。舀起时，如果迅速滴落，就改移到锅内。

4 使锅内的水饴和鲜奶油加热至沸腾

加入鲜奶油并开大火。为了加速水饴融化，加热时要不停地搅拌，煮沸后关火。鲜奶油沸腾后，如果不立刻加入巧克力搅拌，温度会变得太低，无法顺利混匀。

5 用少量多次的方法把鲜奶油加入巧克力

分次把鲜奶油加入2的巧克力，每次少量。只有让巧克力的油脂和鲜奶油的水分水乳交融，不会呈现分离状态，才能制作出美味的生巧克力。为了让温度一直保持在45℃，只能用少量多次的方法把鲜奶油混入巧克力。

6 搅拌时，注意不要让空气流入

和2一样，搅拌时也是使用橡胶刮刀，尽量避免空气流入。

7

照片中的样子是搅拌完成后的状态。当水分和脂肪充分混合时，如照片所示，外表平滑光整。

8 把巧克力倒进模具放进冰箱冷藏一晚

准备塑形的模具。如果用的是金属模，要准备没有底的。因为最后还会裁切成2cm的小块，所以对模具的形状和大小无须讲究。不过，最好选择四方形的模具，可以让耗损降到最低。首先在模具下面垫张玻璃纸之类的纸，再用透明胶带贴住模具的角落，避免巧克力溢出。接着一口气倒入7的巧克力糊，再轻敲几下，好让空气流出。放进冰箱冷藏一晚。

9

从冰箱取出巧克力后，倒扣模具，剪掉底部用胶带固定的部分。再把模具翻回正面，把刀子伸进模具周围，再取出生巧克力。

10

准备一张烘焙纸等干净的纸张，撒上可可粉。再把从冰箱拿出来的巧克力放在上面。接着用滤茶网把可可粉撒在巧克力上。

11 先温热刀再切巧克力

用刀子把巧克力切成2cm的小块，周围也均匀地撒上可可粉。裁切时，如果先温热刀子再切，切出来的形状比较漂亮。

咖啡粉生巧克力

pave dé caferine

所谓的Caferine，就是磨成极细粉末的咖啡豆。因为用咖啡原豆直接磨碎而成，因此，香味自然远胜一般即溶咖啡。再加上颗粒极细，很容易混于巧克力，所以操作上很方便。作者一般会把它用在慕斯或夹心巧克力上，不过这次却尝试了在家也方便制作的生巧克力。才一放进口中，咖啡香味立刻扩散开来的生巧克力，里面也添加了微量的伏特加，属于成熟的大人口味，制作时，最好选用可可含量高的种类。

材料（2cm×3cm的巧克力60块）

- 苦甜巧克力…………350g
- 鲜奶油…………260g
- 转化糖（Invert Sugar）……40g
- 无盐奶油…………85g
- 伏特加…………15g
- 极细咖啡粉…………23g
- 可可粉（无糖）…………适量

这次用的苦甜巧克力，是法芙娜的可可亚70%的瓜纳拉（Ganaja）。鲜奶油的乳脂肪是35%。无盐奶油先要切成1cm小块，并放在室温下回温。

1

切碎苦甜巧克力可加速融化。一开始还不熟练的话，可以用刀子尽量切碎或者用隔水加热的方法融化。

2 把鲜奶油和转化糖倒进锅内

把鲜奶油倒进锅内，再加入转化糖。添加转化糖，是为了保持生巧克力入口即融的口感。

3 加热到沸腾以后关火

等到转化糖熔解、鲜奶油也沸腾后关火。鲜奶油一定要先煮到沸腾，否则温度会过低，就无法让巧克力均匀地混入其中。

4 倒入沸腾的鲜奶油

趁热把滚烫的鲜奶油倒入巧克力碎片中。此时，碗内的温度会马上提升。还不熟练的话，用少量多次的方法倒入，就可搅拌均匀。

5

如照片所示，只要搅拌至表面光滑平整就可以了。这种状态代表鲜奶油的水分和巧克力的油脂已经充分混合，足以制作出美味的生巧克力。

6 混入极细咖啡粉

加入极细咖啡粉搅拌，直到颗粒完全消失。极细咖啡粉不必过筛，直接混入即可。

7 加入切成1cm小块的奶油，使风味更加香醇

把切成1cm小块的奶油散落在锅内各处。不切，整块放进去的话很难融化，最好先切成小块。

8

如照片所示，等到奶油完全融化就可以了。加入奶油，是为了增加巧克力香醇的风味。

9 倒入伏特加调为成熟的大人口味

最后倒入伏特加搅拌。为了怕伏特加的风味流失，特地等到现在才加。

10 把巧克力倒进模具放进冰箱冷藏一晚

把巧克力倒进铺了保鲜膜的模具，放进冰箱冷藏一晚。这里用的是方便脱膜的模具（见P118），但也可以参照P18，选用没有底部的不锈钢模。不过，巧克力冷藏后还要裁切，所以对模具的形状不必太过挑剔。

11 把生巧克力裁成一口大小

从冰箱拿出巧克力，切成一口大小。这里切成2cm×3cm的长方形，但也可以像P18一样，切成正方形。刀子热过再切，切出来的形状比较漂亮。

12 整体撒上可可粉

把巧克力放在过筛了的可可粉的烘焙纸上，上面再用滤茶网撒上可可粉。

巧克力水果

fruits au chocolat

裹在水果上的巧克力，看起来柔软光滑。咬时会有清脆的声音。想要制作出完美的巧克力，最重要的因素是调温。可可粉的状态会因温度而改变，所以温度的调节非常重要。量太少的话温度无法稳定，所以这里介绍的分量是为了便于调温所需要的最低限量。巧克力如果一次用不完，拿来裹在焦糖坚果上也是不错的选择，或者做成板状巧克力。抹在蛋糕上，推得薄薄的当作装饰也可以。

材料

苦甜巧克力……………………300g
草莓……………………………1盒
香蕉……………………………2条

第一步是备料。使用的是只用可可和砂糖制作、没有添加牛奶的巧克力。这次用的是法芙娜的加勒比（Caraibe），可可含量66%。香蕉横切成8等份。另外准备两个碗，一个装80°C的热水，另一个装冰水。上述这些分量是最低限量。

1 把巧克力切碎

把巧克力切成碎片。切得像照片一样细，以便融化。夏天最好选在冷气强的地方作业，冬天就在暖气不强的环境进行。

2 用80°C的水隔水加热

把80°C的热水倒入另一个碗，再叠上碗1，用隔水加热的方法融化巧克力。热水的温度太高，巧克力会烧焦；温度过低的话，巧克力又无法顺利融化。

3 不停搅拌使巧克力直到完全融化

用橡胶刮刀持续搅拌，直到巧克力完全融化。搅拌如果不够勤快，会让只有接触到热水的部分融化烧焦。

4 持续加温至50°C直到质地变稀

巧克力的质地变得已和照片中一样平滑后，仍然要持续加温至50°C。因为巧克力中的可可脂到了50°C才开始融化，转为入口即化的柔滑口感。把温度计放进锅内，达到50°C以后，便停止隔水加热。

5 改用冰水冷却使温度降到26°C

接着改用冰水冷却，让温度降到26°C。这时也要拿着橡胶刮刀不停搅拌，让整体温度均匀下降。这么一来，质地变稀的可可脂也再度得到调整。但温度如果降得太低，巧克力会凝固。

6 从冰水里移开把温度提升到28°C

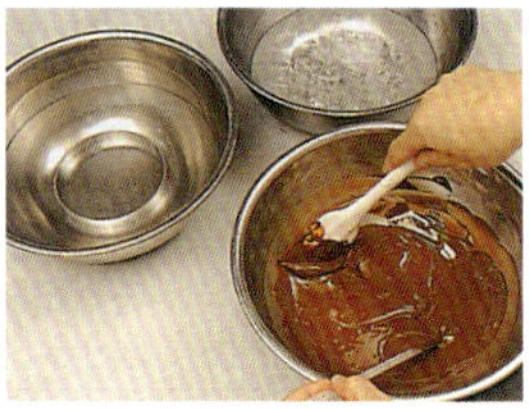

把巧克力从冰水里移开，提升温度至28°C。温度的急速转变才能成就色泽诱人、甜美香浓的巧克力。不过，温度超过28°C的话，巧克力的颜色会开始发白，所以一定得特别小心。

7

再次让温度先上升再下降

再度把巧克力放进冰水冷却，让温度降至26°C。一到26°C以后，马上从冰水拿出巧克力，再次回温到28°C。动作一定要快，否则巧克力就凝固了。只要表面看起来光滑平整就可以了。

8

拭干草莓的水分后裹上巧克力

握着草莓蒂，把草莓放进7的巧克力中，裹至八分满。把草莓迅速从巧克力里拿出来，放置在烘焙纸上。草莓上的水分一定要擦拭干净；否则巧克力就无法牢牢地凝结在上。

9

用牙签串起香蕉，放进碗内，让整体的1/3裹上巧克力。接着立刻放在烘焙纸上。

10

如果温度的调整做得很精准，那么巧克力便会在30秒后凝固。只要等到表面干了就大功告成。

木柴圣诞蛋糕

bûche de Noël

这款圣诞蛋糕的外形很像木柴。据说是法国的糕点师傅模拟圣诞夜整晚在壁炉里燃烧的木柴所设计而成的蛋糕。一般做法是在卷心蛋糕上涂抹鲜奶油当作内馅，表面再刻出树皮的模样；但是，口味和外观最近都出现了各种变化。这里用的是甘纳许酱，外表的装饰也非常简洁。

材料（20cm的卷心蛋糕1条）

全蛋…117g（中型鸡蛋2～3颗）
牛奶（全脂）……………… 17g
低筋面粉……………………… 53g
可可粉（无糖）………………7g
砂糖…………………………… 60g
蜂蜜…………………………3.3g
糖粉…………………………少许

第一步要准备材料。蛋糕体的做法基本和海绵蛋糕相同（P30），不过材料多加了蜂蜜、可可粉和牛奶。卷心蛋糕要烤得很薄再卷；如果加点蜂蜜，可使蛋糕体保持湿润，卷起时比较容易。低筋面粉和可可粉不可混在一起，要分别过筛。糖粉是最后加工时用的。

1 把可可粉加入牛奶和蜂蜜中

先把牛奶和蜂蜜倒进碗中，用橡胶刮刀仔细搅拌，使蜂蜜完全溶解。再加入事先过筛的可可粉，继续搅拌。只要可可粉完全溶解即可。

2 用手持电动搅拌器打发全蛋

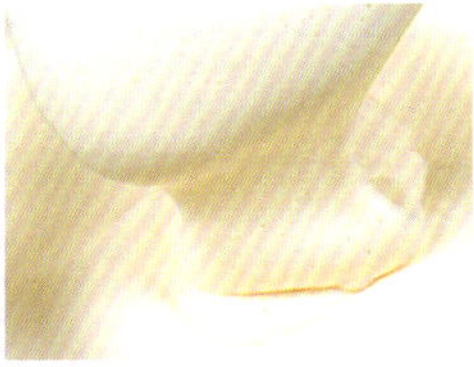

把全蛋打进另一碗内，按照制作海绵蛋糕体（P30）的步骤1～4，打发蛋汁。打好后，加入砂糖，用手持电动搅拌器高速打发。颜色转淡以后，调为中速，再稍微搅拌，让蛋糊更加柔细滑顺。

3 拌入面粉时小心不要压扁气泡

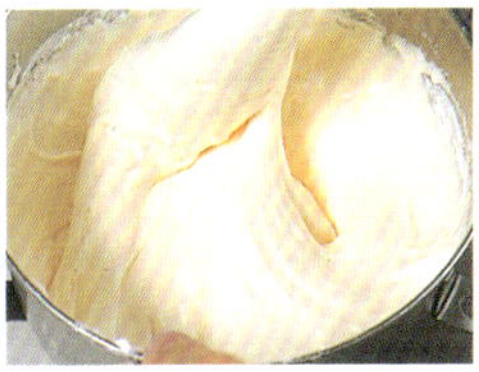

加入事先过筛的低筋面粉，同时用橡胶刮刀搅拌。搅拌时注意不要压到气泡，左手不停转碗，直到面粉的白色颗粒完全消失。

4 把面糊的1/5倒入可可粉中

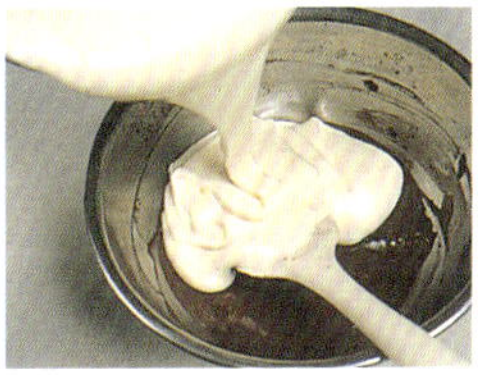

把3的1/5倒入1搅拌。一次倒进全部的量会压扁气泡，无法顺利搅匀。

5 把4再度倒回打好的面糊，搅拌均匀

把拌好的4倒回3中。轻轻搅拌，好让气泡保持完整；只要搅拌至白色的颗粒消失，颜色变得和照片6相同即可。

6 把面糊倒进烤盘厚度大约5mm

在烤盘上铺好烘焙纸，再倒入5的面糊。面糊的厚度大约是5mm，这样卷出来的蛋糕最漂亮。如果太厚，蛋糕很容易在卷的时候破掉。

7 用200℃烤8分钟后从烤盘取出

放进预热至200℃的烤箱烤8分钟。只要表面烤成咖啡色即可。烤好后，马上从烤盘取出，放凉。蛋糕本身很薄，如果不立刻取出，会被余热烤到烧焦。准备一张新的烘焙纸，把烤成咖啡色的那面朝上，放在纸上。接着均匀地抹上巧克力奶油。

8 用烘焙纸包好卷起来

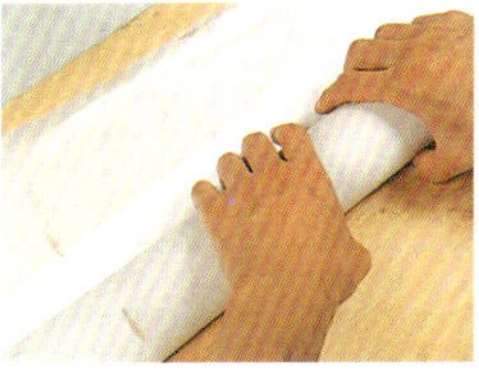

连同烘焙纸把蛋糕卷起来；尾端的部分放到里面。取下烘焙纸，用手卷到底。再用烘焙纸包起来，按住蛋糕把形状整理好。直接把蛋糕放进冰箱冷藏约10分钟，让巧克力奶油不会滴出来。

9 抹上甘纳许酱制造出木材的造型

周围用抹刀抹上甘纳许酱。尽量制造出棱角的感觉就可以了。最后用滤网在两端撒上糖粉，制造出被雪覆盖的痕迹。

制作巧克力鲜奶油

材料

鲜奶油……………… 133g

甜味巧克力………… 50g

首先要准备材料。鲜奶油尽量选用乳脂肪成分约45%的高脂种类。用的巧克力是不含牛奶、可可含量55%的甜味巧克力（法芙娜的厄瓜多）。要事先切成碎片。

把甜味巧克力碎片倒进碗中。用80℃的热水隔水加热，使其完全融化（P22），让巧克力的温度达到45℃。用另一个碗装鲜奶油，用冰水冷却的同时，打成五分发。只要打到舀起鲜奶油时，前端勉强形成尖角就可以了。接着把打好的奶油倒进巧克力仔细搅拌，但小心不要把气泡压扁了。

制作甘纳许

材料

鲜奶油……………… 50g

甜味巧克力……… 37.5g

首先要准备材料。鲜奶油要选用乳脂肪成分约45%的高脂种类。甜味巧克力的可可含量是55%。要事先切成碎片。

点火加热鲜奶油，直到沸腾。接着加入巧克力碎片，使其融化。待巧克力完全融化后，用冰水冰镇，同时用橡胶刮刀搅拌。只要有感觉奶油稍微变得沉重点就可以了。

古典巧克力蛋糕

gâteau classique au chocolat

这道蛋糕的质地较硬；送进口中之前，必须费点劲才能把蛋糕切成小块。古典巧克力蛋糕看似平凡无奇，但蕴藏在朴实外表下的好滋味，却让它备受欢迎。这里的做法除了蛋糕体，上面又加了一层鲜奶油。其实，古典巧克力蛋糕的蛋糕体就是磅蛋糕，虽然也要按部就班才能完成，但基本上算是难度较低的糕点。放凉后，最好当天趁新鲜吃完，不过就算多放两天，味道也同样迷人。吃的时候，也可以搭配鲜奶油一块享用。

材料（直径15cm的圆形烤模1个）

无盐奶油	50g
苦甜巧克力	67g
鲜奶油	67g
可可粉（无糖）	40g
蛋黄	中型鸡蛋$2\frac{1}{2}$个
蛋白	中型鸡蛋$2\frac{1}{2}$个
低筋面粉	20g
砂糖	100g
糖粉	适量

首先是备料。最好选择没有添加牛奶、可可含量64%的苦甜巧克力。巧克力本身的苦味和酸味愈强，烤出来的味愈正统。巧克力先用刀子切碎，这样隔水加热时容易融化。鲜奶油尽量选择乳脂肪含量约45%的高脂种类。蛋黄和蛋白要事先分好。也可以准备一些糖粉，最后加工时用滤茶网撒在蛋糕上。

1 把低筋面粉和可可粉混在一起，过筛两次

把低筋面粉和可可粉和在一起以后，过筛两次。先混再筛，会混得比较均匀。像磅蛋糕这种质地较硬的蛋糕，如果粉类没有事先过筛，很容易结块。一定要筛过2～3次。

2 把巧克力和奶油放进微波炉，加热至融化

把切碎的巧克力和奶油放进微波炉，加热至融化。加热时间约2分30秒。只要巧克力和奶油完全融化即可。融化后，迅速搅匀。

3 把冰冷的鲜奶油倒进热腾腾的巧克力

趁2还是热腾腾时，倒入冰冷的鲜奶油，可把温度调整到40℃。这么一来，巧克力和鲜奶油就不会油水分离，混合出来的颜色会很漂亮。

4

仔细搅拌，直到看不到鲜奶油白色的痕迹。如果搅拌得当，巧克力就会像照片一样，变得有如丝缎般光滑。

5 打发蛋黄以后倒进巧克力

用打蛋器搅拌蛋黄，直到颜色转淡、看似变重。如果没有打到硬到可以在上面写字，蛋糕便无法顺利膨胀，导致烤出来的成品变得很硬。接着加入4，均匀搅拌。

6 把蛋白打成七分发的蛋白霜

制作蛋白霜：把1/8的砂糖加进蛋白中，用手持电动搅拌器高速搅拌。开始搅拌蛋白后，分几次加入剩下的砂糖，继续搅拌。分次加入砂糖更易融化。打发至舀起蛋白时，前端出现不明显的尖角后就可以了，约七分发。如果不打发到某种程度，蛋糕会发不起来；但打得太发的话，又无法将整个蛋糕烤透。照片中的样子是最理想的状态。

7 把少量蛋白霜加入5中

在5中加进1/3的蛋白霜。加点蛋白霜，可以让低筋面粉和可可粉变得更容易搅拌。

8 加入粉类并用切开的方法混入

接着加入1的低筋面粉和可可粉。只要搅拌的表面平滑、看不到粉的颗粒即可。就算蛋白霜的气泡多少会被压扁也无妨，但如果压得太扁，烤出来的蛋糕会变得又硬又干。从下往上翻起时，应大力搅拌。

9 加入剩下的蛋白霜小心不要压扁气泡

加入剩下的蛋白霜，注意不要把气泡压扁了。

10

照片中的面糊是混合好后的样子。混好就可以倒进烤模了。如果用的是非不粘型烤模，必须先垫张烘焙纸再倒。除了圆形烤模，也可以用磅蛋糕的烤模。

11 先单独以下火烤30分钟再用上下火烤20分钟

放进预热至160℃的烤箱，先单独用下火烤30分钟，再用上下火烤20分钟。烤好后，用竹签插进蛋糕，如果上面没有蛋糕屑附着即可。整个烘焙的时间为40～50分钟。如果一开始就开上火，表面在内部还没熟透前就先烤焦了。所以先用下火把蛋糕烤熟，再用上火烤熟上面。如果使用的烤箱没有上下火之分，可以在前30分钟，用锡箔纸覆盖蛋糕的上面。放凉以后，再筛上糖粉就完成了。如照片所示，如果能烤出质地紧致的蛋糕是最理想的了。

姜汁巧克力挞

tarte au chocolat et gingembre

轻巧薄脆的巧克力挞中，填入了满满的巧克力鲜奶油；磨成末的姜泥就隐藏在浓郁的鲜奶油之中。作者一再强调，巧克力和姜很对味；正如他所说，吃起来的确很可口。味道浓醇又带有一丝苦意的巧克力，搭配姜劲辣呛鼻的香味，可说相得益彰。只要尝过一次，就足以让人念念不忘。甜味降得很低，是专为成人设计的成熟甜点。点缀在挞面中央的是白胡椒，而非一般巧克力挞使用的金箔。

挞皮的制作

材料（直径6cm的巧克力挞5个）

糖粉………………………… 30g

无盐奶油…………………… 50g

可可粉（无糖）…………… 10g

盐…………………………… 1撮

全蛋… 15g（中型鸡蛋1/4个）

低筋面粉…………………… 70g

准备材料。准备没有添加糖分的无糖可可粉，和低筋面粉迅速搅拌以后，一起过筛。把无盐奶油放在室温下回温。为了便于和奶油混合，使用的是糖粉而非砂糖。另外准备少许高筋面粉，以应付擀面团所需。

1

分3次把蛋汁加入奶油和糖粉中

把无盐奶油放入碗中，加盐，用打蛋器打成膏状。接着加入糖粉仔细搅拌，直到糖粉白色的颗粒消失。分3次加入蛋汁。不可一口气全倒进去，这样才能搅拌均匀。

2

只要看不到蛋黄有没搅匀的地方，整体的颜色也一致即可。

3

用大力切拌的方法拌入可可粉和低筋面粉

一口气倒进已过筛的可可粉和低筋面粉，仔细搅拌。搅拌时，把橡胶刮刀伸进底部再翻起来，大力翻搅。如果用一般画圆的方式搅拌，低筋面粉会释出麸质，做出来的挞皮就不松脆了。

4

用保鲜膜包起面团3~4小时，使其发酵

把面团整理成一大块，用保鲜膜包起来，放进冰箱冷藏3~4小时，使其发酵。因加入可可粉，所以比一般原味的挞皮面团硬些。面团的形状在此时即使尚未整合也没关系；只要确实发酵，形状就会统一。

5

撒上手粉，用擀面杖把面粉擀成2mm厚

把面粉放置在操作台上，用擀面杖敲打面团，以便擀平。在操作台和擀面杖撒上薄薄一层手粉（低筋面粉；需另外准备），再用擀面杖把面团擀成2mm厚。

6

用擀面杖卷起面团，放在挞模上，摊平后，在上面再叠一个挞模，用手指把面团印出挞模的形状。最后再将擀面杖从面团抽出。

7

醒面后，放进预热至160°C的烤箱烤13分钟

在放了面团的挞模上，再叠上一个挞模。保持这样的状态放进冰箱冷藏1小时，使面团发酵。因为挞皮的面团很容易崩塌，所以还得送进冰箱再度冷藏，让挞皮变得紧实。然后放进预热至160°C的烤箱烤13分钟。

8

挞皮烤好后，放凉，倒入巧克力鲜奶油馅。最后再用胡椒碎粒做装饰。胡椒放太多会影响整体的味道，只需少量即可。

制作巧克力鲜奶油

材料

鲜奶油…………………70g
无盐奶油……………3.5g
牛奶巧克力…………90g
甜味巧克力…………30g
姜末………………………4g
胡椒………………………1粒

选用的牛奶巧克力是可可含量42%的种类；甜味巧克力是55%的种类。为了便于融化，两样都要切碎。削皮后，先磨成泥。鲜奶油放进锅内加热，直到快要沸腾。胡椒粒只是装饰用，所以切一粒就够了。

1

把牛奶巧克力和甜味巧克力放进同一个碗中。加入甜味巧克力，目的是让可可的风味更加浓郁。

2

用隔水加热的方法融化巧克力

用隔水加热的方法融化1；为了避免局部温度过高，加热时必须持续搅拌。直到巧克力的形状消失，融化成一片就可以了。

3

混入事先加热的鲜奶油

放入事先加热的鲜奶油，与巧克力均匀搅拌。可以一次倒进全部的鲜奶油，但如果是冰冷的鲜奶油，容易搅拌不均，所以要事先加热。

4

放入姜末和奶油

加入磨碎的姜末和无盐奶油，搅拌均匀。只要奶油彻底溶解即可。奶油可以让巧克力鲜奶油的口感变得更顺口；停留在舌尖的味道也更绵密。

草莓鲜奶油蛋糕

cake aux fraises

海绵蛋糕的制作属于蛋黄和蛋白一起打发的全蛋打法，口感比分蛋打法的比司吉（Biscuit）更加湿润、松软柔滑。更开心的是，作者把这道蛋糕使用的白砂糖量降到最低，却又完全无损其美味。这次的鲜奶油蛋糕只夹了鲜奶油和草莓，最后再撒上糖粉，但已经十分美味。除了草莓，也可以改用其他当季的水果；或者把草莓慕斯（P88）或焦糖口味的巴巴露（P90）倒进小型慕斯圈，做成完全不输给专业甜点师傅的精致甜点

材料（直径15cm的圆形烤模1个）

全蛋… 160g（中型鸡蛋$2\frac{2}{3}$个）
蛋黄………40g（中型鸡蛋2个）
白砂糖………………………140g
低筋面粉……………………120g
无盐奶油…………………… 15g

第一步要准备材料。鸡蛋的品质是海绵蛋糕可口与否的关键，所以尽量选择品质好一点的。低筋面粉选用一般使用的种类即可，就算不是烘焙专用的也无妨。糖用的是砂糖。添加奶油的用意是增加风味，而非调味，所以只能使用无盐奶油。

1

过筛低筋面粉两次，使质地变得更为细致

过筛低筋面粉。要仔细筛过两次。面粉如有结块，蛋糕烤出来会出现较大的气孔。残留在滤网的面粉结块，也要用手捻碎。过筛的另一个目的是让空气适当流入，可以让海绵蛋糕烤得更松软。

2

在海绵蛋糕烤模里铺上烘焙纸或蜡纸。这样面糊就不会直接接触到烤模，容易脱模。这里用的是直径15cm的圆形烤模，但也可改用自己喜欢的形状。

3

以手持电动搅拌器高速搅拌

把全蛋和蛋黄倒进碗中，用手持电动搅拌器打发后，加进白砂糖。如果不先把蛋汁打发，只会让砂糖被蛋黄吸附，形成黄色颗粒。开启手持电动搅拌器的高速模式，用画圈的方法在碗中缓缓搅拌。让砂糖均匀地被蛋汁吸附。

4 改用手持电动搅拌器中速搅拌，尽量把气泡打细

等到蛋汁的颜色转淡、看似沉甸甸，把高速降为中速，继续打发。这么一来，原本粗大的气泡便转为细小，即使加入低筋面粉，也不容易被压扁。只要蛋汁的体积膨胀为原来的5倍大，用搅拌器把蛋汁甩落碗中也不会留下痕迹，代表已经OK。如果时间不够，改用隔水加热也行。

5 用切拌的方法少量多次的拌入低筋面粉

用少量多次的方法混入过筛的低筋面粉。首先倒入少量面粉，等到面粉的白色颗粒完全消失，再倒入少量面粉。搅拌时，拿着橡胶刮刀用切拌的方法搅拌，好让气泡保持完整，烤出松软的蛋糕。只要搅拌到看不到白色部分就可以了。

6 把少量面糊加入融化的奶油

无盐奶油用微波炉加热约1分钟，使其完全融化。加热到50℃以后，加入少量的面糊5，轻轻搅拌。如果直接将奶油加进面糊，气泡会被压扁；所以只能把面糊放进奶油，让奶油的状态变得和面糊一致以后才搅拌。

7 把面糊6倒回5，完成海绵蛋糕的面糊

把6倒回面糊5，再迅速搅拌就完成了。只要能像照片8一样，变得柔滑平整即可。

8

把面糊倒进烤模2。再用抹刀将表面抹平。倒入面糊时，不可大力倾倒，以免压坏气泡。大约倒六分满即可。

9 放进预热到180℃的烤箱烤约30分钟

把烤模放进预热到180℃的烤箱烤约30分钟。30分钟后，用手轻压海绵蛋糕的正中央。如果听到"嘶"一声，代表已经烤好了。从烤箱拿出来以后，置于常温下放凉。

10 准备两支棒子笔直地切下蛋糕

放凉以后，把海绵蛋糕切成厚度1cm的薄片。首先准备两个厚度约为1cm的木棒，分别置放在蛋糕上下两边。刀子架在两支棒子上，慢慢地把蛋糕切下来。

11

蛋糕体的表面如照片所示。总之，只要小心不让气泡被压扁，烤出来的蛋糕组织就能如此细致绵密。可以直接做成圆形蛋糕，也可以裁成四方形。最后再夹上鲜奶油和草莓就完成了。

打发鲜奶油

使用乳脂肪含量35%以上的鲜奶油，味道更为香醇，打发后的口感也特别轻柔滑顺。首先在碗内倒入200ml鲜奶油和15g砂糖，再滴1～2滴香草精。另外准备一个大一号的碗，装了冰水后，再把装了鲜奶油的碗放在里面，用手持电动搅拌器打发鲜奶油。不用冰水冰镇的话，鲜奶油会因温度升高而变得粗糙。按照海绵蛋糕步骤3的要领，等到鲜奶油看似变得沉甸甸以后，改用打蛋器继续搅拌。稍有疏忽，鲜奶油就会一下子就变硬，产生分离现象。所以中途可改用打蛋器。用打蛋器舀起鲜奶油看看，如果前端出现尖角即可。

糖渍草莓

如果草莓太酸或味道很淡。可加点糖粉和酒，迅速搅拌后，会变得很美味。这里用的酒是草莓酒，也可用樱桃酒等。其他水果也比照这个方法处理的话，也会变得很好吃。

戚风蛋糕

chiffon cake

戚风蛋糕吃起来有一种海绵蛋糕所没有的蓬松、柔软。想用叉子把蛋糕切成小块时，蛋糕虽然马上凹陷下去，但只要叉子一放开，蛋糕又马上恢复原状。为何能够拥有绝佳的弹性，秘诀在于面粉的搅拌方法。以海绵蛋糕而言，放入低筋面粉后，为了避免出黏性，一定得用大力切下的方法搅拌。但戚风蛋糕刚好相反。面粉出现黏性后，才能烤出充满弹性的蛋糕。有些戚风蛋糕的气孔很大，但用作者的配方所做出来的戚风蛋糕，质地非常细致，气孔很小。制作这种精致的戚风蛋糕时，如果改用1人份的小烤模，做出来的蛋糕应该很可爱吧。

材料（直径10cm的戚风蛋糕模3个）

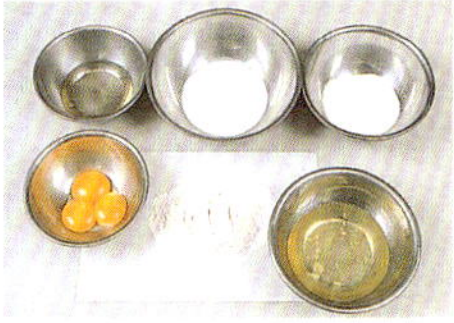

蛋黄50g …（中型鸡蛋$2\frac{1}{2}$个）
牛奶（全脂）………………… 55g
色拉油……………………… 45g
低筋面粉…………………… 60g
蛋白…120g（中型鸡蛋3～4个）
砂糖（蛋糕体用）………… 50g
鲜奶油（装饰用）…………适量
砂糖（奶油用）……………适量

准备材料。使用色拉油可以保留蛋的滋味，让烤出来的蛋糕更为清爽、蓬松。低筋面粉要先过筛，以免结块。牛奶要选择脂肪含量38%以上的种类。另外，还要准备装饰用的鲜奶油和水果。

1 分次加入色拉油

把蛋黄倒进碗中，用打蛋器轻轻搅拌。接着倒进牛奶搅匀，再用少量多次的方法倒入色拉油，用打蛋器继续搅拌。色拉油如果一次全部倒进去，会产生分离的现象，很难搅拌均匀。

2 用搓揉的方法混入低筋面粉，搅拌均匀

然后加入事先过筛的低筋面粉，用搓揉的方法搅拌，直到面粉白色的颗粒消失。

3 把白砂糖分次加入蛋白

制作蛋白霜。把蛋白和少量砂糖倒进碗中。砂糖的量大约1/5即可。如果一次倒进全部砂糖，也做不出来光滑细致的蛋白霜。用手持电动搅拌器高速搅拌后，等到颜色变得像照片一样，再加入剩下的砂糖继续搅拌。

4 最后改用打蛋器搅拌打出更细致的蛋白霜

蛋白打至八分发以后，改用打蛋器继续搅拌片刻。这样打出来的蛋白霜会更细致。

5 用稍微压扁气泡的感觉搅拌

把1/3打好的蛋白霜倒进面糊2中。用橡胶刮刀搅拌时，与其怕压扁气泡，不如用稍微压扁气泡的方法搅拌。这么一来，烤出来的戚风蛋糕会更加细致松软。

6 只要面糊缓缓滴落就可以了

分3次加入蛋白霜，面糊就完成了。把面糊搅拌至舀起时，缓缓掉落的程度就完成了。蛋白霜蓬松的气泡即使所剩不多也没关系。

7 把面糊倒进戚风蛋糕烤模至七分满

把面糊倒进烤模至七分满即可。如果倒得太满，烤好后会溢出烤模。烤模可不必抹油。这样反而比较容易让外侧的部分附着在烤模上；脱模时，表面的状态也可以保持得更加完整。

8 蛋糕膨起后，用竹签插进去检查

放进预热至150℃的烤箱烤约20分钟。20分钟以后，蛋糕会像照片一样膨胀起来。这时，用竹签插进蛋糕，确认烘焙的熟度。只要上面没有蛋糕屑附着即可。

9 把烤模倒扣过来放凉

把烤模倒扣过来，放凉。如果没有倒扣直接冷却，好不容易膨起来的蛋糕体会逐渐往下沉，压扁底部的蛋糕体。

10 手指伸进烤模取出蛋糕

放凉后，如照片所示，将手指伸进烤模的边缘，取出蛋糕。蛋糕被手指一压，虽然立刻扁掉，但只要手一放开，立刻恢复原状。接着把刀子伸进烤模底部；先拆下中心的棒子，再将蛋糕取出。

11

烤好的蛋糕如照片所示。组织非常细致，气孔的分布也均一。

12

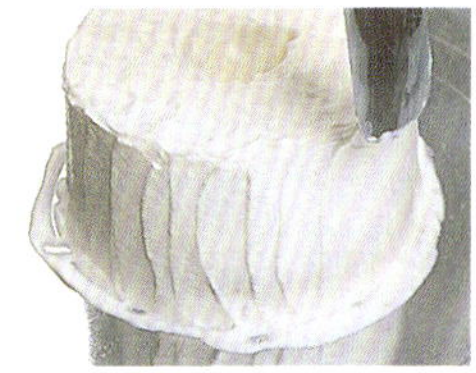

把鲜奶油和砂糖倒进碗中，打发至舀起时前端出现尖角（P31）。将打发的奶油均匀地涂抹在整个戚风蛋糕上，并用抹刀在周围均匀转出纹路。最后用刀背在蛋糕上层轻轻压出花纹。也可以放进喜欢的莓果类做装饰。

黄金凤梨奶酪蛋糕

gâteau au fromage blanc et à l'ananas

作者的奶酪蛋糕，吃起来入口即化，清爽不油腻。奶酪的香味浓得在舌尖化不开。美味的秘诀在于不添加明胶，请大家务必尝试看看。这次，作者选择酸甜交织的黄金凤梨搭配奶酪，丰富味道的层次感。甜度不高，却能巧妙地提引出奶酪的风味和凤梨的甜味，吃起来余韵悠长。如果没有圆形的蛋糕圈，也可以改用比较高的挞模。或者改倒进玻璃杯或陶瓷小锅，做成奶酪口味的杯装甜品。

材料（直径15cm的蛋糕圈1个）

- 奶油奶酪……………… 75g
- 鲜奶油……………… 101g
- 白砂糖……………… 10g
- 酸奶油……………… 11g
- 柠檬汁……………… 1.25g
- 黄金凤梨……………… 1/8个
- 樱桃酒……………… 2g
- 挞皮……………… 1个

首先准备材料。酸奶油的用意是增添酸味和风味。柠檬汁也一样，除了增加酸味，也可以让味道变得更鲜明。用来提味的酒，就选择和凤梨相当对味的樱桃酒。另外，准备一个直径14cm的挞皮。请参考P36，先用叉子在表面插满小孔再烤。

1 把奶油奶酪放在室温下回温，恢复柔软

把奶油奶酪、酸奶油、白砂糖放入碗中，用手持电动搅拌器低速搅拌。先把奶油奶酪放在室温下恢复柔软，这样比较容易搅拌。

2 用手持电动搅拌器打成膏状

搅拌成块的奶酪时，一开始奶酪很容易喷得到处都是；但随着搅拌的进行，奶酪会逐渐成为膏状。接着再倒入樱桃酒继续搅拌。

3 加入鲜奶油仔细打发

加入1/3的鲜奶油，仔细打发。一次倒入全部鲜奶油，很难打发，大约分3次加入最恰当。

4 打发至鲜奶油的量膨胀为原来的两倍

打了一段时间以后，如照片所示，鲜奶油因充满气泡而膨胀为原来的两倍。一定要把奶油打发到这种程度，才能烤出软绵细密的奶酪蛋糕。但如果打过头，会产生油水分离的现象。

5 倒入柠檬汁轻轻搅拌

最后倒入柠檬汁轻轻搅拌；如果搅拌过度，也会导致油水分离。

6

把凤梨切成5mm的小块。形状不一也无所谓，但是切得太大不易食用，最好还是切小一点。

7

准备一个比挞皮大一号的蛋糕圈。再准备一个放置挞皮的平台。先铺上塑胶袋或保鲜膜，再把放了挞皮的平台放上去，用蛋糕圈圈住。

8

把5的奶油奶酪的2/3放在正中央。再用刮刀把奶油往外抹匀，让中央呈凹陷状态。也就是把奶油从中间往外推开。

9

如照片所示，把凤梨铺在中央凹陷处。

10 放进冰箱冷藏直到表面凝固

抹上剩下的奶油奶酪，再拿着抹刀沿着蛋糕圈抹平。连挞皮放进冰箱冷藏约1小时。只要表面凝固就可以了。

11 用手掌的热度温热蛋糕圈，同时用转动的方法卸下蛋糕圈

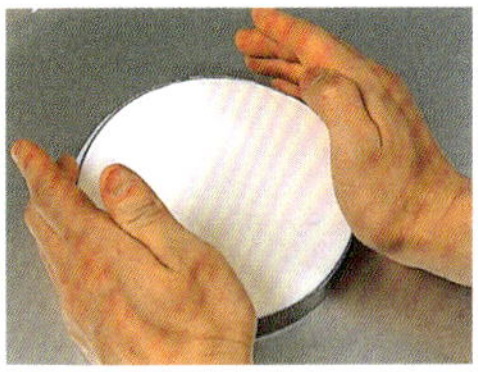

手掌握住蛋糕圈，温热的同时，用转动的方法取下蛋糕圈。硬拔会破坏蛋糕的形状，一定要先加温，再慢慢拿起来。

奶酪挞

tarte au fromage

烤好的奶酪挞看似结实饱满，一叉下却轻易分开。这种酥脆的口感，正是法文称之为"Pate Sucree"（甜酥挞）的最大魅力。派皮本身带有淡淡的甜味，不论搭配水果还是奶油都很对味。奶酪挞的挞皮添加了柠檬皮提味；制作其他挞类时，可以不放。奶酪挞和香蕉克拉芙蒂（P40）的挞皮要先烤过；栗子挞（P44）等填入杏仁奶油的种类就不必先烤。

制作挞皮

材料（直径15cm的挞模2个）

低筋面粉……………………250g
无盐奶油……………………150g
糖粉…………………………100g
蛋黄……………………………25g
牛奶（全脂）…………………17g
香草荚……………………1/6条
柠檬皮……………………1/4个

准备所有的材料。低筋面粉要过筛1次，以免结块。无盐奶油如果用发酵奶油，风味会明显提升许多。奶油要先放置在室温下回温软化。

为了便于和奶油混合，采用糖粉。柠檬的表面先用海绵刷洗干净再使用。另外，还要准备当作手粉的高筋面粉小石子。

1 把无盐奶油和糖粉和在一起

把无盐奶油放入碗中，用打蛋器搅拌成膏状。等到状态变得和照片一样，加入糖粉。仔细搅拌，直到糖粉白色的颗粒消失。

2

从香草荚的中央纵切开来，用刀尖挑出子来（P38）。再把香草子加入1。接着加入磨成泥的柠檬皮。奶酪挞的面团如果加点柠檬汁，会变得更为美味。不过，如果连柠檬的白色部分都加进去，就会带有苦味。

3

分次把蛋黄倒进奶油中

把蛋黄倒入碗中，轻轻打散后加入牛奶，仔细搅拌。蛋黄和奶油混匀后，把1/3的分量加入2的奶油中，只要搅拌片刻，便会混为一体。接着再加入1/3的蛋黄。最后加入剩下的1/3蛋黄，和奶油充分混匀。

4

用大力切开的方法搅拌，不要让低筋面粉产生黏性

加入过筛的低筋面粉，用橡胶刮刀用大力切开的方法搅拌。只要搅拌到面团合一，也看不到面粉白色的颗粒就好。样子有点干也没关系。用保鲜膜包起面团后，放进冰箱冷藏3～4小时，使其低温发酵。

5

放进冰箱冷藏3～4小时，使其发酵

面团发酵后，如照片所示，原本干裂的面团已经合为一大块。这么一来便容易处理多了，而且面团也已经入味。

6

擀平面团时一边撒上手粉

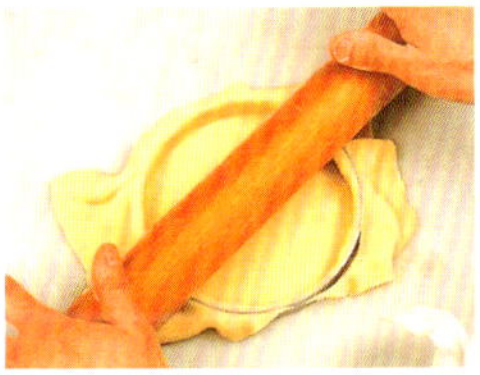

把手粉（高筋面粉：另外的分量）撒在操作台上，再放上面团。手粉一定要用高筋面粉。先用擀面杖敲几下面团以便擀面，再把面团均匀地擀成3mm厚。擀平后，如照片所示，把面皮放入烤模，让面皮紧贴着烤模。用擀面杖在烤模上面滚过以后，脱模。用撒了手粉的刀子切掉附着在烤模边缘的多余面皮。最后用叉子在表面插满透气的小洞。

7

将小石子填满整个烤模

在烤模内铺上烘焙纸，再装入小石子。尽量把小石子填满烤模。如果装得不够，烤的时候派皮会浮起来。

8

用180℃烤15分钟

把挞皮送进预热到180℃的烤箱烤15分钟。然后，掀开烘焙纸看看，只要像照片一样烤上色就可以了。因为填入内馅后还要再烤一次，所以不必烤得太热。不过，如果做的是水果挞，挞皮的颜色就得再烤的深一点。

制作内馅

材料（直径15cm的挞模两个）

奶油奶酪	300g
蛋黄	30g
蛋白	45g
砂糖	40g
低筋面粉	10g
玉米淀粉	5g
柠檬汁	10g

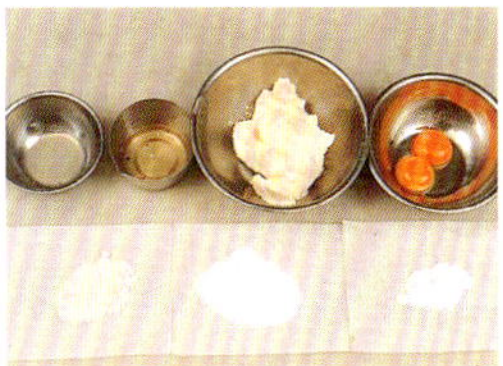

准备所有的材料。奶油奶酪可依照个人喜好选择。事先放在室温下回温，比较容易处理。蛋白和蛋黄事先分开，分别放进不同的碗。砂糖也依蛋黄和蛋白用分为各20g。低筋面粉和玉米淀粉略做搅拌后，过筛1次，以免结块。

9

用大力切开的方法把粉类混入蛋黄

轻轻打散蛋黄以后，加入蛋黄用的砂糖。让砂糖和蛋黄充分混合，搅拌到看不到颗粒为止。接着加入过筛的低筋面粉和玉米淀粉，用打蛋器继续搅拌。注意不可搅拌过度，免得面粉出现黏性，影响口感。

10

把奶油奶酪放入碗中，用打蛋器搅拌光滑。变成霜状后，加入9继续搅拌，再加入柠檬汁。

11

分两次加入蛋白霜

把蛋白和1/5蛋白用的砂糖装入另一个碗，用手持电动搅拌器高速搅拌。打到颜色转白、看似沉甸甸的以后，分次加入剩下的砂糖，继续搅拌。只要按部就班地进行，就能打出细致绵密的蛋白霜。打发成已经固态、无法流动的八分发以后，把一半的蛋白霜加入10。混匀后，再加入剩下的蛋白霜，用橡胶刮刀搅拌，但小心不要把气泡压扁了。

12

以160℃再烤20分钟

把11的蛋糊倒入8的挞皮中，用汤匙抹平。放进预热到160℃的烤箱烤20分钟。蛋糕内部烤熟以后，正中央会膨胀起来。从烤箱取出放凉即可。

水果挞

tarte aux fruits

制作卡士达酱

材料（舟形挞模20个）

- 牛奶（全脂）…………… 500ml
- 低筋面粉…………………… 40g
- 白砂糖……………………… 90g
- 蛋黄………………………100g
- 香草荚……………………… 1条
- 无盐奶油…………………… 35g
- 挞皮…………………………20个
- 水果…………………………适量

准备所有的材料。如果没有买到增添风味的香草荚，改用香草精也可以。如果使用香草精，在步骤9完成后，添加几滴搅匀。不过，不要使用香草油。低筋面粉要过筛两次。

作者所做的卡士达酱（Cream Patissiere），充满蛋黄浓郁的风味和香草味。轻盈细滑的口感，让人一口接着一口，欲罢不能。如果可以的话，最好利用导热性强的铜锅制作；没有铜锅的话，尽量选择珐琅等材质厚一点的锅。如果锅太薄，卡士达酱容易烧焦；如果用不锈钢锅，做出来的颜色又不够好看。做好的卡士达酱，最好趁新鲜当天吃完。如果有剩，可以和意式蛋白霜混在一起，制作成焗烤水果（P106）。

1

从香草荚取出子。保留尾端不动，把香草荚半剖开来。一手按住尾端，另一手用刀尖把香草子刮下来。

2 把香草子和香草荚放进牛奶调味

在锅内加入牛奶和少量砂糖，再放入香草子和香草荚，以大火加热。加入少许的砂糖，可以避免牛奶中的脂肪囤积锅底。加热时，用打蛋器按住香草荚，加速香草的风味被牛奶吸收。煮沸以后，把锅从火炉上移开，静置5～10分钟，等待香草入味。

3 蛋黄打散后加入糖

把蛋黄打入另一个碗，用打蛋器轻轻打散。接着加入剩下的砂糖，迅速搅拌。如果没有先把蛋黄打散就加入砂糖，或者倒入砂糖后没有立刻搅拌，都会产生黄色结块。

4 搅拌至颜色转白后加入低筋面粉

用打蛋器仔细搅拌，直到砂糖的颗粒消失。等到颜色转白、看似变重了，加入低筋面粉。

5

用打蛋器继续搅拌。只要搅拌均匀，看不到面粉白色的颗粒即可。低筋面粉混匀后的样子如照片所示。

6 倒入1/3沸腾的牛奶

用大火加热2的牛奶，使其再度沸腾。煮滚后，把1/3的牛奶倒进5中，搅拌均匀。

7 用少量多次的方法加入蛋黄

用大火加热装了牛奶的锅，再把6倒回去。一次倒入少量，同时用打蛋器持续搅拌。这么一来，蛋黄和牛奶便能均匀地混在一起，制造出滑顺柔软的口感。

8 沸腾以后再用大火加热5分钟

沸腾以后，再以大火加热5分钟，并且不断搅拌，消除颗粒感。如果煮太久，奶油会变得糊糊稠稠的，失去应有的爽滑。除了不时从火炉上移开，最重要的是不停搅拌，这样才能制成柔滑顺口的卡士达酱。

9

最后加入奶油，让味道更加香醇

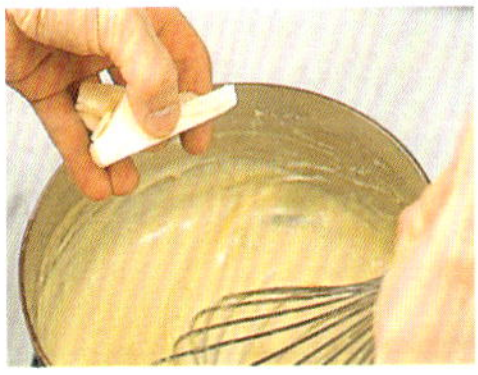

等到奶油变得像照片一样平滑，再加入奶油，让味道变得更加香醇。只要奶油完全融化即可。

10

趁热用滤网过筛，增加卡士达酱的柔滑度

趁热用滤网过筛。过筛没有什么技巧，只要有耐心，就能顺利完成。过筛之后，卡士达酱的质地变得更细致了。

11

用冰水冰镇，增加卡士达酱的光泽

隔水冰镇碗内的卡士达酱，同时不忘持续搅拌。冰镇让卡士达酱显得更有光泽。搅拌也能够使材料更细滑。

12

用挤花袋把卡士达酱挤入挞皮，最后再用水果装饰即可。可以先用稀释的杏桃果酱煮成镜面果胶，再涂抹在水果上，增添水果的光泽。制作水果挞的原则请参照P36，先做好派皮铺在挞模里。接着同样填入小石子，再放进预热到160℃的烤箱烤13分钟。

制作慕斯林奶油馅（Cream Mousseline）

也可在卡士达酱中拌点鲜奶油，做成慕斯琳奶油馅。首先把鲜奶油打成七分发，不加糖。再把2～3成的鲜奶油加入卡士达酱，轻轻搅拌，不要把气泡压扁就完成了。慕斯琳奶油馅和泡芙皮是绝配。

香蕉克拉芙蒂

clafoutis aux bananes

材料（15cm 的挞模 2 个）

牛奶巧克力	100g
鲜奶油	85g
蛋黄	17g
全蛋	1/3 个
香蕉	120g
香草荚	半条
白砂糖	15g
无盐奶油	10g
朗姆酒	30g
挞皮	2 个

克拉芙蒂的本体口感近似布丁，吃起来绵软香滑，同时搭配大量的水果烘烤而成。大部分的配方添加的是樱桃和苹果等酸味较重的水果；这次的做法是先把香蕉用大火煎软，搭配用巧克力作内馅的挞皮。柔软香甜的香蕉，和巧克力完美地融为一体，入口随即化于舌尖的口感，让人回味无穷。如果觉得要自己烤挞皮很麻烦，可以直接购买现成品。也有人先把巧克力糊倒进焗烤盘再烤，口感和内馅柔滑、挞皮酥脆的克拉芙蒂不太一样，但同样是叫人难以忘怀的好滋味。

首先备料。面团的部分需要鲜奶油、蛋黄、全蛋和牛奶巧克力。鲜奶油要选用乳脂肪含量38%～40%的，做出来的成品才会香醇美味。巧克力用可可含量约40%的牛奶巧克力。为了加速融化，先把巧克力切成碎片。香蕉先切成片。最后请参照P36先烤过挞皮。

1 先放入糖和香草荚，再放进奶油

把砂糖和完整的香草荚放进平底锅，用大火加热。一段时间以后，砂糖逐渐融化，部分也会转为咖啡色。接着放进无盐奶油。加了奶油以后，砂糖的颜色就不会变得更深了。

2 让香蕉充分裹上焦糖

摇晃锅加速奶油融化，让奶油和焦糖合二为一。等到整体变成咖啡色以后，加入香蕉，让香蕉充分裹上焦糖。只要整块香蕉都变成咖啡色就可以了。

3 倒入朗姆酒开始火烧香蕉

倒入朗姆酒，再把锅倾斜，让朗姆酒浸渍在香蕉里。只要让大火烧到闻不出酒味即可。一开始还不熟练的话，可以先关火再倒酒，然后再度点火加热。

4 火烧过的香蕉变得又软又黏

火烧后的香蕉，变得又软又黏，才能和克拉芙蒂搭配得天衣无缝。

5 把全蛋和蛋黄混在一起，仔细打散

把全蛋和蛋黄打进另一个碗，仔细打散，让蛋黄与蛋白均匀混合。凝固的蛋汁就是克拉芙蒂的主体，所以一定要搅拌均匀。

6

用打蛋器打发鲜奶油；同时，把鲜奶油分次加进5。

7 搅拌鲜奶油并加温至40～45℃

仔细搅拌到鲜奶油白色的部分消失以后，点火加温至40～45℃。如果温度不够，等到加入9的巧克力时，两者会无法混匀，导致巧克力凝固；温度过高会使蛋汁凝固。

8 用少量多次的方法混入融化的巧克力

把牛奶巧克力放进微波炉加热，先加热1分钟。再用橡胶刮刀搅拌后，放进微波炉加热1分钟。如果还残留有块状的巧克力，再加热30秒，直到完全变成膏状。微波炉加热的总时间大约是2分30秒。但是巧克力容易烧焦，所以每加热1分钟，就得先拿出来搅拌。加热完成后，用少量多次的方法加入7搅拌均匀。

9

所有材料搅拌后的状态如照片所示。一次倒进全部的巧克力，无法顺利搅匀，一定要分次倒入。

10

把9倒进烤模后用120°C烤22分钟

把火烧香蕉放入挞模排好，再倒入9。倒满9后，放入预热至120°C的烤箱22分钟。

11

只要有弹性即可用手指压压正中央

烤好的样子如照片所示。用手指压压正中央，如果立刻弹起，代表内部已经烤熟。单吃已经很好吃，但放上烤香蕉片和鲜奶油味道更佳。

法式焦糖苹果挞

tarte tatin

每到苹果盛产的季节，就会让人不由主自地想念起这道甜点。这道焦糖苹果挞，交织了苹果的甜与酸，还有焦糖的微微苦意。这道点心是Tatin姊妹误打误撞的发明；原本被视为失败之作的苹果挞，结果一吃才发现竟然如此美味，因此，才以Tatin这个名字命名。

正统的做法是把苹果放进烤箱慢烤，再翻过来铺在派皮上。不过，为了方便大家制作，这次介绍只用一个锅就能完成的方法。虽然简单，却依然保留苹果的美味，可以品尝到苦味、甜味、酸味平衡的好滋味。微量的胡椒可让味道变得更加鲜明。

材料（直径12cm的挞模1个）

苹果（红玉）………… 1个
白砂糖 ………………… 50g
无盐奶油 ……………… 50g
香草荚 ………………… 1条
肉桂（粉状）………… 适量
胡椒（白粒）………… 少许
派皮 …………………… 1个

首先准备材料。选用酸味明显的红玉，可以做出好吃的苹果挞。苹果削皮去核，再切成梳子形。肉桂用的是粉状而非条状。用作提味的胡椒，要选择香味不至于过强的白胡椒。最好不用一般的胡椒粉，而是现磨的胡椒粒，香气更为宜人。底部派皮的烤法请参照P49千层派，用直径12cm的圆形烤模塑形。

1

把砂糖倒进锅里，用大火加热。最理想的火候是开大火，但容易烧焦；如果还不熟练的话，用中火也可以。

2 点火加热砂糖，接着立刻放入香草荚

马上切开香草荚，挑出里面的子（P38），连荚一起放进锅内。加热片刻以后，砂糖开始融化出水。如照片所示，砂糖已转为咖啡色。

3 在砂糖快要出现焦糖色之前放入奶油

继续加热，等到整体都变成咖啡色以后，把锅从火上移开，加入无盐奶油。如果加热过度，会煮过头。因为余热会使砂糖烧焦，煮出苦味。只要煮到砂糖上色，就应该不时从火上移开；一边摇晃锅，好加速余热把砂糖化为焦糖。

4

利用余热融化奶油，并转动锅使奶油均匀融于锅内。如果点火加热很容易烧焦，一定要先从火上移开，再放入奶油。

5 把苹果放入锅内并均匀地裹上焦糖

再度点火，放入切好的苹果片。加热的同时，让苹果片均匀地裹上焦糖。

6 等到苹果渗出果汁便撒入肉桂粉

放入锅内片刻后，苹果开始软化、渗出果汁。接着加入肉桂粉。让果汁溶于肉桂粉后，再把汤汁均匀地裹在苹果上，提升味道的层次。

7 锅内再度转为糖膏状时关火

立刻把白粒胡椒磨好放入。除了肉桂，再加上白胡椒，可以让味道更好，同时也有提味的效果。渗出的果汁会再度被苹果吸收；等到再次变成糖膏状后关火。

8 把苹果从锅内移到料理托盘

立刻把苹果摊开放在托盘上，避免余热继续加热。先放凉，等到完全不烫了再放进冰箱冷藏。冰镇后食用味道更佳。

9

把派皮放进大一号的蛋糕圈。没有的话，就拿厚纸板做个纸圈代替。沿着周围排上8的苹果。

10 撒上白砂糖，再用喷枪烘烤表面

表面铺满苹果片后，均匀地撒上砂糖。再用喷枪把表面的白砂糖烤成焦糖。如果没有喷枪，可以改用P85奶油刀的方法。再加上一球香草冰激凌，就能在口中体会冰与火的碰撞。

栗子挞

tarte aux marrons

杏仁奶油酱吃起来都是杏仁芬芳的香气。接下来要介绍的这道栗子挞所用的挞皮，其实最常搭配杏仁奶油酱。首先在尚未烤上色的挞皮填满杏仁奶油酱，再放上栗子，放进烤箱烤。搭配栗子泥和卡士达酱。栗子的味道显得非常浓郁，口感很丰富。做了水果挞（P38）以后，如果卡士达酱和挞皮还有剩下，不妨试着挑战看看。如果想用只放了杏仁奶油酱的传统做法制作，可以参考P64的材料比例，烤法也一样。

材料（直径12cm的挞模1个）

杏仁奶油酱	100g
无盐奶油	60g
全蛋	60g
糖粉	60g
杏仁粉	90g
卡士达酱	50g
栗子泥	135g
朗姆酒	18g
带皮的水煮栗子	5颗
挞皮	1个

首先准备材料。奶油放在室温下回温软化。杏仁粉用粗粉筛过筛，避免结块。依P36的做法制作挞皮。栗子泥用的是只加了砂糖调味的纯法式栗子泥。带皮的水煮栗子是装饰用的。如果买不到，用甘栗代替也可以。加点朗姆酒，可以增添风味。

1

首先制作杏仁奶油酱。虽然做法和P64相同，但是这里的杏仁奶油酱还要和栗子泥等混合，所以材料的比例略有出入。把无盐奶油放进碗中，用打蛋器搅拌成膏状。再放进糖粉。

2 搅拌奶油和糖粉

仔细搅拌，直到糖粉白色的颗粒消失。

3 加入全蛋搅拌

分3次加入全蛋搅拌。如果还不熟练，可以先轻轻把蛋打散再加。蛋和奶油很容易分离，所以一次先倒入少量，搅匀后再加入少量继续搅拌。

4 加入杏仁粉搅拌

倒入整颗全蛋并搅拌均匀以后，再加入杏仁粉。

5 杏仁奶油酱完成

仔细搅拌，等到变成照片中的样子，代表杏仁奶油酱已经完成。杏仁奶油酱没有那么复杂，如果之前搅拌不均，只要在这个阶段搅拌均匀也来得及补救。

6 加入栗子泥和卡士达酱

将100g的杏仁奶油酱放入碗中，再加入栗子泥和卡士达酱。

7 3种馅料不可过度搅拌

用橡胶刮刀用大力切开的方法搅拌。只要整体像照片一样变成浅咖啡色就行了。因为希望能保留3种馅料各有的风味，所以不要过度搅拌。

8 把挞皮擀成3mm厚

把手粉（低筋面粉；另外的分量）撒在操作台上，用擀面杖把挞皮擀成3mm厚。挞皮依照P36的做法制作。为了怕挞皮发不起来，先用叉子等道具在表面插满气孔。

9 转动擀面杖擀掉多余的挞皮

把挞皮卷在擀面杖上，再把挞皮铺在挞模里。沿着边缘印出挞模的形状，再转动擀面杖，擀掉多余的挞皮。

10 放进预热到160℃的烤箱烤30分钟

把7的3种馅料填入9的挞皮中，八分满即可。再放上带皮的水煮栗子，可以稍微放得深一点。放进预热到160℃的烤箱烤30分钟。

11 趁热刷上朗姆酒增进风味

用竹签插进去看看，如果上面没有残屑附着，表示已经烤好了。稍微冷却后脱模，然后趁热刷上朗姆酒，增进风味。等到完全放凉以后，用滤茶网撒上糖粉（分量外）即可。

瓦片泡芙

choux tuile

日本的泡芙外皮吃起来大多柔软湿润；法式泡芙则大不相同，最大的特色是外皮香松酥脆。这里要介绍的瓦片泡芙，其酥脆的口感更胜一般的法式泡芙。用作者的独家配方所烤出来的泡芙，美味程度完全不逊于法国当地，外皮的酥香嚼感更让人意犹未尽。而且，就算外皮膨胀的程度不是那么理想也没关系，所以让人更愿意放手挑战。这里用的夹馅是慕斯琳奶油馅（P39）；不过，用鲜奶油馅（P31）就已经十分好吃了。其实，光吃酥脆的外皮，也让人觉得很过瘾。外皮的做法都一样，所以也可以改为一般圆形的泡芙；愿意多费点心思的话，也可以用甜甜圈模塑形，做成花圈泡芙。

材料（瓦片泡芙 20 个）

鸡蛋	4～5 个
无盐奶油	100g
低筋面粉	125g
砂糖	4g
盐	2g
牛奶（全脂）	100ml
水	125ml

准备泡芙外皮的材料。全蛋的分量只能当作参考，请依据进行到步骤 6～8 时，面糊的硬度调整。如果还不熟练，可以把每颗蛋打进碗中，轻轻打散。低筋面粉要过筛两次，以免结块。牛奶选用乳脂肪含量约 4% 的高脂牛奶。除了基本分量，另外，还要准备 1/2 个蛋黄和 30ml 牛奶。将两者搅拌均匀后，当作涂抹外皮的蛋汁。

杏仁	适量
黑芝麻	适量

准备撒在泡芙皮上的杏仁和黑芝麻。杏仁用的是切成粗粒、未经炒过，而且没有加盐的。

制作泡芙外皮

1 尽量用深一点的锅制作

尽量选用深锅制作。最理想是用铜锅。首先把水、牛奶、盐和白砂糖倒进锅内，开大火加热。加热时不断用木勺搅拌，让白砂糖和盐完全溶解。

2

等到锅面微滚，放入奶油，并用木勺搅拌，直到奶油完全融化。

3

煮到锅内物即将溢出锅之前，一口气倒进全部的面粉

等到锅内再度沸腾，在锅内物溢出以前，一口气倒进全部的面粉。一定要趁奶油滚烫时混入低筋面粉，才能烤出蓬松的外皮，并且锅底也不容易烧焦。

4

用小火仔细搅拌直到水分蒸发

转为小火，迅速搅拌低筋面粉。等到面粉的白色颗粒消失，再把火调大一点，继续加热。水分蒸发后，蛋汁的比例升高，这样才能烤出蓬松的外皮。

5

把面团整理成一大块后关火

如照片所示，等到面团混为一大块，而且搅拌时可以很顺利地把面团从锅底翻起后，把火关上。

6

分次混入全蛋搅拌，每次一个

分次混入全蛋搅拌，并随时注意面团的软硬度。

7

等到蛋汁的水分被吸收，面团也变得平滑，就可以放进下一个蛋，用同样的方法搅拌。如果面团变凉，蛋汁便无法顺利搅拌，所以一定要趁热时迅速搅匀。

8

搅拌至面团过几秒后才滴落的硬度

如照片所示，用木勺舀起面团后，过了几秒钟才会滴落。如果已经搅拌成这样的硬度，就算蛋还有剩也不要再加了。相反的，即使加入全部的蛋还是很硬的话，可以再加一些蛋来调整。

烤瓦片泡芙

9

准备直径 5mm 的挤花袋，装入 8 的面团，再把面团挤在烤盘上。先挤出每间隔 1cm 的斜线 4 条，接着在上面再挤出呈交叉状的4条斜线。

10

轻轻打散 1/2 个蛋黄，在加入 30ml 牛奶（分量外），调成涂抹在面团上的蛋液。这样烤出来的外皮颜色就会很漂亮。

11

单独用下火烤10分钟再用上火烤10分钟

撒上杏仁和黑芝麻。烤箱要预热到 200℃。先单独用下火烤泡芙外皮。10分钟左右以后，等到外皮上色，再用上火单独再烤10分钟。如果家里的烤箱没有上下火切换装置，可以直接烤20分钟。等到烤出诱人的金黄色泽，先关掉烤箱的电源，再用余热烤 5 分钟。切记不要马上拿出来，而是要放在烤箱干烤，好让多余的水分蒸发，这样烤出来的外皮才会酥脆。放凉以后，才能加入内馅。

如果要做奶油泡芙

一直到步骤 8 都和瓦片泡芙相同。用挤花袋挤出面团，再放进 200℃ 的烤箱烤 30 分钟。放凉了以后，再加入慕斯琳奶油馅（P39）。

叶子派

feuilleté

材料（6cm 长的叶子模 50 片）

高筋面粉 …………… 160g
低筋面粉 …………… 160g
无盐奶油 …………… 320g
冷水 …………………… 100g
盐 ……………………………… 8g

准备所需材料。制作派皮使用的面粉是比例为1：1的高筋面粉和低筋面粉。先把高筋面粉和低筋面粉轻轻混合以后，过筛2～3次，让两者混得更均匀。加入少许的盐，是为了提升派皮的美味。奶油的香味是关键，所以请尽量使用发酵奶油。如果买不到，也可使用无盐奶油。不论用的是哪一种奶油，都得先切成1～2cm的小块，放进冷冻库冷冻一天。水也要先放进冰箱冰镇。另外还要准备少许高筋面粉当作手粉。

制作叶子派的面团加了奶油之后，必须经过一再折叠，在法文中被称为千层酥皮面团(Pate Feuiuetee)。满口的奶油香和酥脆感，让人吃得欲罢不能；但好吃归好吃，做起来难度颇高。因此，作者特地传授了派皮制作的秘诀；做法不但简单，而且就算是新手，也不容易失败。秘诀武器就是冻得硬邦邦的小块奶油。叶子派的派皮和千层派的制作方法相同，只是烤法稍有出入。只要冷冻起来，派皮便可存放一段时间，所以不妨多做一点。从叶子模脱模后剩下的派皮，可以集中起来，回收做成咸派。

制作派皮

1 把冻过的奶油撒上面粉弄散

把过筛的高筋面粉和低筋面粉、冻结的无盐奶油、盐放入碗中。因为奶油会黏在一起，所以弄散搅拌时要撒粉。但绝对不能让面粉和奶油混为一体。要保留奶油大致形状。

2 把奶油弄散以后加入冷水

只要搅拌到让每块奶油不会黏在一起，而且均匀地裹上面粉即可。接着先加入一半的冷水，迅速搅拌。再加入剩下的冷水，继续搅拌。如果水温不够凉，奶油会融化。

3 保留奶油的形状，把面团整理为一大块

到了这个阶段，还是不能用和面的方法搅拌，只要把面团整理成一大块即可。让面粉被水浸湿后，没有残留的白色颗粒，但奶油仍保有形状。变成像照片中的样子以后，从碗中取出，放置在操作台上。

4 把面团放在操作台上整理

在台上撒满高筋面粉（分量外）。如果用低筋面粉当手粉，会被面团吸收，破坏面团原有的状态。使劲搓揉面团，把面团搓成一大块。

5 用保鲜膜包起来放进冰箱冷藏一天

用保鲜膜包起面团，放进冰箱冷藏1天，使其发酵。派皮的面团因为加了高筋面粉，如果不彻底发酵，那么等到用擀面杖擀平时，面团会很快就恢复原状，无法顺利擀得很薄。

6

照片中的面团是发酵了一整天后的样子。还残留着成块的奶油。

7 首先把长度擀成8mm厚

因为面团已经凝固，所以要先用擀面杖敲几下，使其软化。这样比较容易擀平。把高筋面粉撒在操作台上，再放上6的面团，上下来回地擀，擀成约8mm厚。

8 把面团横放折成3折

横放擀平的面团，如照片所示，从两边开始折，折成3折。

9 再度上下来回地擀成8mm厚以后放置半天

折成3折后，再度上下来回地擀，擀成8mm厚。擀的方向和8不同。必须反复这个操作，才能制作出美丽的酥皮，所以请不要搞错方向。和8一样，把面团折成3折以后，用保鲜膜包好，放进冰箱冷藏半天。时间到了以后，把面团取出，继续重复7～9的操作，再以折成3折的状态放进冰箱冷藏半天。同样的动作再重复一次，一样在冰箱冷藏半天。即7～9的操作总共进行3次。

烤叶子派

10 用叉子在面皮上插满气孔

和7一样先敲打一番让面团更容易擀平，再撒上手粉，擀成2mm厚。用同样的力道上下、左右来回擀平，使厚度一致。用叉子在面皮上等间隔地插出透气小孔。如果没有这么做，派皮烤的时候会缩小。放进烤箱之前，把面皮放进冰箱冷藏半天。

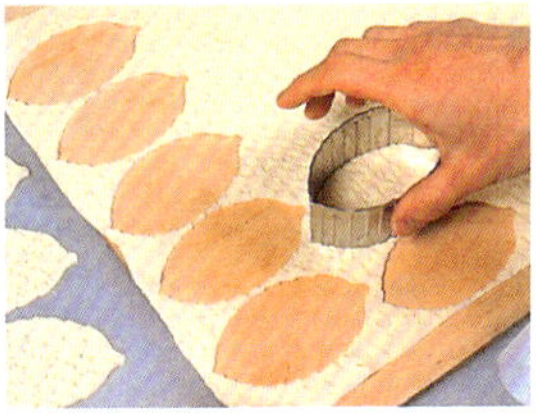

11 放进200℃的烤箱烤20分钟

用叶子形的模子将面皮压出形状，再用刀尖划出叶脉的纹路。用喷水壶在表面喷上水雾，再撒上砂糖（分量外）。水气可以让砂糖牢牢地附着在面皮表面。撒点白糖再烤，可以增加派点的香气。接着放进预热到200℃的烤箱烤20分钟。

制作千层派

在步骤1～9都和叶子派相同，然后擀面团时，把面皮擀至2.5mm厚。配合烤盘的大小，切掉多余的面皮，再放在烤盘内。用10的方法在表面插满透气小孔，并放置半天。等到醒面完成，放进预热至200℃的烤箱烤20分钟。只要表面烤上色了，便从烤箱取出，再拿一个大小相同的烤盘覆盖其上，把烤好的面皮压成碎片。一定要趁熟压碎，做出来的成品才会漂亮。压碎后，仍放置在烤盘内，再放进烤箱烤15分钟。这样，烤出来的派皮才会结实，吃起来非常酥脆。把派皮翻面以后，静置一段时间，等到不烫了，再撒满糖粉。接着放进预热至220℃的烤箱，再烤4～5分钟。等到表面烤出充满光泽的诱人颜色即可。闻起来不但香喷喷的，而且夹入奶油馅时，派皮也不会因此而变得湿软。放凉以后，切成3片正方形的派皮，里面夹入卡士达酱（P38）后再叠在一起。最后在表面撒上糖粉装饰。

无花果磅蛋糕

cake aux figues

在前一天就先开始腌渍无花果干

材料（长 8cm × 宽 3cm × 高 3cm 的烤模 30 个）

半干无花果	500g
鲜奶油	70g
炼乳	70g
白兰地	30g
香草荚	2.5g
肉桂	2.5g
肉豆蔻	0.5g
盐	3.5g

首先准备腌渍无花果的材料。无花果用的是半干的无花果，每颗切成 8 等份。加点鲜奶油、炼乳，可以让味道变得更为浓郁香醇，同时增加果肉的湿润度。肉桂和肉豆蔻，选用粉状的。至于香草，虽然只是腌渍用，不过最好选择香味更浓的香草子，而非香草精。不必特意把豆荚里面的子刮下来，连同豆荚使用即可。

1 把香料加入鲜奶油并加热

把鲜奶油和炼乳倒进锅内，点火加热。加热时不断搅拌，让炼乳充分溶解。完全溶解以后，加入盐、肉桂、香草荚并不断搅拌。等到再度沸腾以后，关火。接着倒入白兰地。

2 趁淹渍液还热时放入无花果

把无花果放入1中，迅速搅拌。腌渍液先经过加热，再放入无花果，可使无花果变得膨胀饱满，充分入味。煮好放凉后，用保鲜膜紧紧包住，避免空气进入。放置一个晚上。经过一晚的浸泡，无花果的状态就像照片一样，已经吸饱了腌渍液。香草荚要记得拿出来。

无花果充满颗粒的口感，搭配风味独特的枫糖，可以说是绝佳组合。再加上转化糖和枫糖，让蛋糕体变得更为湿润。除此之外，再加上杏仁糖、用来腌渍无花果的炼乳等经过反复尝试才确定的黄金配方，终于成就这道韵味无穷的磅蛋糕。味道浓郁的程度，恐怕是一般蛋糕无法比拟的。不愧是出于大师之手。虽然材料有些麻烦，但相信等到大家亲自品尝过成果之后，一定无法想象磅蛋糕居然如此美味。

制作磅蛋糕

材料（长 8cm × 宽 3cm × 高 3cm 的烤模 30 个）

无盐奶油	400g
杏仁糖	100g
蛋黄	150g（中型鸡蛋7～8枚）
槭糖浆	
转化糖	50g
低筋面粉	430g
发粉	5g
蛋白	280g
砂糖	150g
半干无花果	适量

首先准备制作磅蛋糕的材料。发粉和低筋面粉迅速搅拌以后，过筛1次。如果能选择发酵奶油，味道一定加分许多；没有的话，用无盐奶油也可以。奶油要先放置在室温下回温。转化糖呈水饴状，除了让味道更香浓，也能使蛋糕烤出来的色泽更漂亮。枫糖要分成蛋白用的 100g 和蛋黄用的 50g。

1

砂糖和蛋黄用的枫糖先混在一起搅拌。糖类先合二为一，味道才会一致。把混好的糖类、无盐奶油、杏仁糖和转化糖放进大碗。

2 搅拌时将杏仁糖弄散

用手直接搅拌，把杏仁糖弄散。弄散后，改用打蛋器搅拌，搅拌到砂糖的颗粒消失。不过，留下枫糖沙沙的颗粒感尤妨。

3 分3次加入蛋黄 每次少量加入

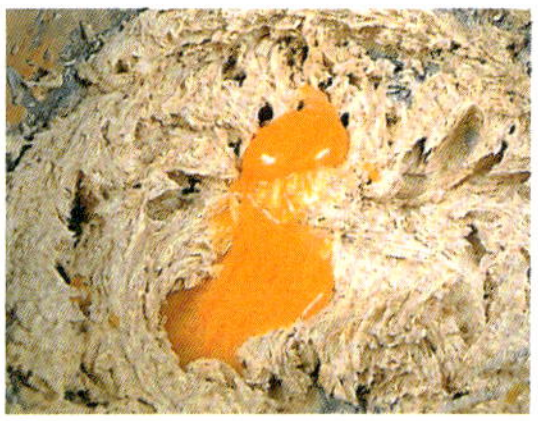

把蛋黄打散，再把1/3的量加入 2中，用手持电动搅拌器搅拌。一开始蛋黄和奶油呈分离状态，但是搅拌之后，会逐渐融为一体。接着再加1/3。一次倒入整个蛋黄，很难和奶油搅匀。倒入全部的蛋黄以后，再用手持电动搅拌器搅拌。

4 持续搅拌 直到蛋糊变得柔软蓬松

加入蛋黄，可以让枫糖更容易溶解。持续搅拌，直到枫糖的颗粒感消失，如照片所示。

5 打发蛋白和枫糖

把蛋白和1/3蛋白用的枫糖放入另一碗中，用手持电动搅拌器打发。只要加入少许枫糖，就变得容易打发。如照片所示，等到蛋白蓬松，再分次加入少量的枫糖，继续打发。

6 把蛋白的体积打发为原来的3倍

照片中的蛋白霜已经完成。只要蛋白的体积膨胀为原来的 3 倍即可。因为白砂糖的量很多，所以打出来的蛋白霜不会太硬。

7 加入1/3蛋白霜

把 1／3 蛋白霜加入 4 中搅拌。加入蛋白霜的用意是让无花果的腌渍液和低筋面粉变得容易搅匀，所以就算有些气泡被压扁了也没关系。

8 用切开的方法搅拌无花果和粉类

搅拌到看不到蛋白霜白色的部分后，倒入无花果的腌渍液搅拌。混匀后，一口气加入过筛的低筋面粉和发粉。只要搅拌到粉类的颗粒消失即可。不可过度搅拌。

9 加入剩下的蛋白霜，混匀

加入剩下的蛋白霜，用切开的方法搅拌，以免压扁气泡。这样才能完成质地细致的面团。面团搅拌好的样子如照片所示。

10 放进预热到180℃的烤箱烤35分钟

把面团倒进烤模，约七分满。再放上切成两半的无花果，放入预热至 180℃的烤箱烤 35 分钟。烤好后，摸摸蛋糕表面，只要有弹性即可。所谓的35分钟仅作参考。

八角香磅蛋糕

cake à l'anis

这道糕点可是为本书量身打造，即使在作者的店也吃不到。虽然是磅蛋糕，但口感却十分湿润绵密。才一送进口中，一股若有似无的八角香气便立刻扩散开来，是一道温醇顺口、又具备独特香味的蛋糕。这次用的是小型的圆形蛋糕模，如果家里没有，也可改用纸杯。

材料（直径5.5cm的圆形模10个）

蛋黄	45g
全蛋	20g
牛奶（全脂）	30g
无盐奶油	15g
玉米淀粉	7.6g
高筋面粉	7.6g
八角	10g
砂糖	18g
蜂蜜	4.5g
杏仁糖	90g

准备所需材料。蛋黄和全蛋分别装碗中。玉米淀粉和高筋面粉迅速搅拌以后，过筛1次。无盐奶油可以放进微波炉，或用隔水加热的方法融化。如果用微波炉加热，小心不要烧焦。不要使用八角粉，而是整颗的八角。另外，也要准备装饰用的整颗八角。所谓的杏仁糖，就是杏仁泥和白砂糖的混合物。这里用的是烤点心所用的杏仁糖，是生的。另外还有准备涂抹在烤模上的少许色拉油和装饰用的蜂蜜。

1 把奶油和八角放进微波炉加热

把牛奶、融化奶油、八角放进碗中，用保鲜膜紧紧包好。放进微波炉加热2分钟。

2 静置5分钟，让牛奶和奶油吸收八角的味道

加热完成后，仍包着保鲜膜，静置5分钟。用意是让牛奶和奶油吸收八角的味道。这个步骤在法文称为Infuser。

3

将2过筛，把八角拿出。八角的精华已经完全释放出来，所以用不到了。

4

用另一个碗装杏仁糖、全蛋、蜂蜜、砂糖。加入杏仁糖，可以让口感变得非常丰富甜美。全蛋是最主要的水分来源，可以让所有的材料更容易搅拌。

5 搅拌杏仁糖、全蛋、蜂蜜

持续搅拌，直到所有的材料混匀。只要砂糖的颗粒感消失即可。搅拌好的样子如照片所示。

6

加入蛋黄搅拌。如照片所示，只要差不多搅匀即可。蛋黄搅拌以后会变得蓬松，所以蛋糕才会发起来。

7 打发蛋黄

用手持电动搅拌器高速打发6。用画圆的方法慢慢搅拌，毫无遗漏之处。一段时间之后，蛋黄的颜色就会和照片一样发白了。

8 把蛋黄的体积打成原来的2倍，颜色也变成乳白

继续打发，把蛋黄的体积打成原来的2倍，颜色也变成乳白。一定要切实打发，才能烤出蓬松的蛋糕。

9 用切入的方法搅拌粉类

把过筛的玉米淀粉和高筋面粉加入8。再用橡胶刮刀用切入的方法搅拌，小心不要把气泡压扁了。只要搅拌到看不到白色的粉末就可以了。

10 混入饱吸了肉桂精华的3

把少量的面团9加入3的奶油和牛奶。充分混合后，再倒回面团9。这么做才能让奶油与牛奶混匀。面糊完成的样子如照片所示。

11 以160℃烤15分钟

在烤模内涂抹色拉油（另外的分量），再把面糊10倒进去。放进预热到160℃的烤箱烤15分钟。烤好后，用竹签刺入，没有蛋糕屑附着即可。从烤箱取出后，放凉。

12

放凉后，脱模。接着摆上八角粒（另外的分量）做装饰，再淋上一丝丝的蜂蜜（另外的分量）。蜂蜜会渗入蛋糕，所以最好吃之前再淋上去。而且刚淋上去的样子，让蛋糕看起来更有光泽。

香料面包
pain d´epices

既然叫做香料面包，顾名思义，里面添加了各种香料。包括肉桂、八角、肉豆蔻等。这道糕点的外观朴实，是法国传统的常温点心。这道传统点心历史悠久，据说起源于古罗马时代。这种质地较粗的面团，愈咬愈能品尝到香料的香气。所以这次不做太多变化，而是遵照传统配方烘焙，让大家品尝原味。如果一次吃不完还有剩下，也可以用它取代布丁（P80）里面的布里欧修（Brioche），改做成香料面包布丁。

材料（9cm × 4cm 的磅蛋糕模型 10 个）

准备材料。用隔水加热的方法软化蜂蜜。肉桂、八角、肉豆蔻、多果香等香料用粉状物即可。如果没有肉豆蔻和多果香也没关系。另外还要准备黑麦。无盐奶油可以放进微波炉，或用隔水加热的方法融化。杏仁糖并非装饰用，要选择生的 Rohmasse。

蜂蜜	250g
全蛋	中型鸡蛋 2 个
无盐奶油	150g
砂糖	80g
杏仁糖	80g
黑麦	100g
低筋面粉	100g
高筋面粉	70g
发粉	3g
肉桂	10g
八角	2g
肉豆蔻	1g
多果香	1g

1 用电动搅拌器打散杏仁糖

把杏仁糖倒进碗中，用打蛋器或手持电动搅拌器低速搅拌，使其软化。不过并非打至起泡，只需搅拌至软，使它容易与其他材料混合。接着加入砂糖、蜂蜜、全蛋 1 个。

2 每次倒入全蛋一个和杏仁糖仔细搅拌

用手持电动搅拌器高速搅拌，把所有材料混为一体。如照片所示，等到整体搅拌均匀，再加入剩下的全蛋。改用打蛋器搅拌也可以。

3 一次倒入所有的粉类

把低筋面粉、高筋面粉、黑麦、百果香、肉豆蔻、发粉倒进粉筛。可以一次倒入所有的粉类。

4 过筛之前，先用手大力搅拌几下

过筛之前，先用手大力搅拌几下，让各种粉类均匀混合。直接过筛的话，粉类无法均匀混合。一定要事先大略混过。

5 过筛一次去除结块的部分

过筛混匀的粉类。香料面包的面团较不需要细心呵护，所以只要过筛一次，让结块消失就行了。

6 用切入的方法混合粉类和杏仁糖

把粉类 5 加入 2 的蛋糊中，用大力切下的方法搅拌。不要过度搅拌，只要看不到粉类白色的颗粒即可。因为放入的粉类相当多，搅拌时一定要仔细确认是否还有没有搅匀的地方。

7 加入融化奶油搅拌

加入融化奶油。只要把奶油搅匀即可。

8

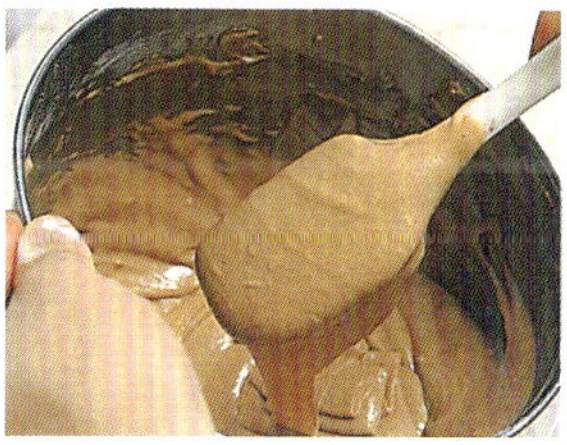

面糊搅拌好的样子如照片所示。虽然一片平整，但面糊的质地颇硬，所以不是舀起来就会马上滴下来。

9 把面糊挤进纸模，放进160℃的烤箱烤30分钟

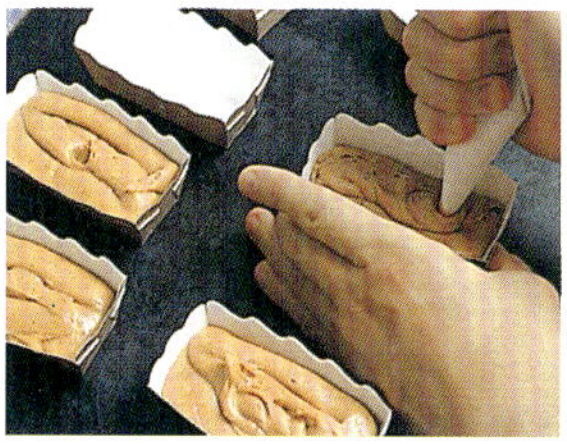

把面糊装进挤花袋，再挤进纸模里，八分满即可。烤好的蛋糕会膨胀起来，所以不要装太满。放进 160℃ 的烤箱烤30分钟。烤好后，用竹签刺入，没有蛋糕屑附着即可。

舒芙蕾奶酪蛋糕

soufflé au fromage

材料（直径 15cm 的烤模 1 个）

奶油奶酪	240g
酸奶油	30g
牛奶（全脂）	105g
无盐奶油	40g
蛋黄	60g
蛋白	60g
玉米淀粉	10g
砂糖	55g
柠檬皮	少许

准备材料。添加无盐奶油的用意是增加香醇度。奶油要先从冰箱拿出来，放在室温下回温。玉米淀粉的作用是使舒芙蕾凝固。粉类要过筛，避免结块。加点柠檬皮进去，可以让味道变得更加鲜明，也有提升起士风味的效果。放入柠檬皮之前要先将表面仔细清洗干净，但注意不要刮伤表皮。再将柠檬皮磨成泥。砂糖要分为蛋黄用的 40g 和蛋白用的 15g 两份。

烤好的蛋糕才一送到口中，马上在舌尖化开，留下起士的香味和淡淡的甜味，让人回味无穷。正如同舒芙蕾（Soufflé）在法文中的原意是蓬松，这款舒芙蕾起士蛋糕的确有如云朵般轻柔绵细。好吃的秘诀在于烤法。首先打出七分发的蛋白霜，再小心翼翼地混入面团，不要把气泡压扁。接着像布丁一样放进烤箱隔水加热。然后每 10 分钟掀起烤箱的盖子，让蒸汽流失，好让温度不会过度上升。蛋糕的质地很软，如果担心无法顺利脱模，不妨改用小陶锅烤，再直接舀出来吃。食谱中的分量可以做出 7 个装在直径 5.5cm 的小陶锅中。

1 把白砂糖和玉米淀粉加入蛋黄

把蛋黄倒进碗中打散，再加入蛋黄用的砂糖。否则会产生黄色颗粒，无法顺利搅匀。搅拌到黄色的颗粒消失后，加入玉米淀粉继续搅拌。

2 加入奶酪、奶油、牛奶等

把奶油奶酪、酸奶油、牛奶和无盐奶油放入锅内，用大火加热。因为加热时要持续搅拌，所以可以把所有的材料同时放进去。

3 等到变成膏状，沸腾后把锅从火炉上移开

加热时用打蛋器持续搅拌，让牛奶和奶油奶酪逐渐融为一体。为了避免烧焦，一定要勤加搅拌。等到成块的奶油奶酪和酸奶油完全融化，而且表面也沸腾了，就把锅从火炉上移开。

4 用冰水镇锅使温度下降

用冰水冰镇锅，使温度下降至 60～70℃。虽然不加热无法使材料融为一体，但温度如果太高，混入蛋黄以后，蛋黄很容易凝固。用冰水冷却后，让温度降到 80℃以下。

5 把 1/3 的 4 混入蛋黄

把 1/3 的 4 加入蛋黄 1 中，仔细搅拌。

6 搅拌后，再度回到 4 的锅中点火加热

把搅拌好的5倒回4中，再次点火加热。加热会让蛋黄和奶酪等均匀地融为一体。这样才能制作出美味的舒芙蕾。

7

把打蛋器换成橡胶刮刀，用往下探到锅底再舀起的方法搅拌。

8 煮到有一定的浓稠度

不时把锅从火炉上移开，以免烧焦。持续搅拌，并调整浓度。太硬烤不出软绵绵的舒芙蕾；太软很容易破掉。总之，要维持舀起后，虽然奶糊顺利滴落，但搅拌时却又觉得很浓稠。如果已经调出恰到好处的浓度，为了避免被余热继续加热，请尽快用冷水冰镇，再移到碗中。

9 使用手持电动搅拌器用中速打发蛋白霜

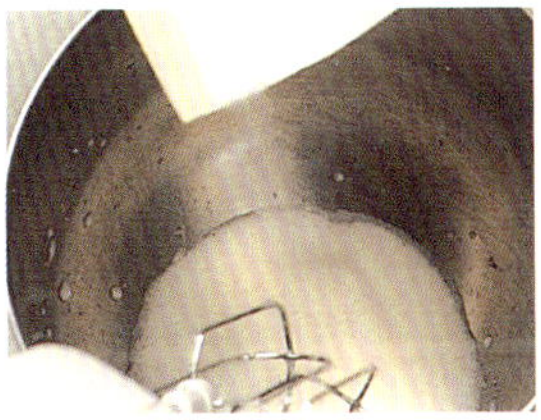

利用等待8变凉的时间，制作蛋白霜。把蛋白和1/5蛋白用的砂糖倒入碗中，用手持电动搅拌器，用中速打发。一次放入全部的砂糖很难打发，一定要用少量多次的方法加入。等到蛋白的体积膨胀，再分3～4次加入剩下的蛋白。

10 把蛋白霜打成七分发

如照片所示，蛋白霜已经打为七分发。打发过度，舒芙蕾会塌掉，失去应有的蓬松口感。判别的方法是用打蛋器舀起蛋白霜时，前端出现不甚明显的尖角即可。

11

把10的蛋白霜放进8中，同时小心不要把气泡压扁了。

12 搅拌时要小心以免压扁气泡

仔细搅拌，以免压扁气泡。只要搅拌到看不见蛋白霜白色的部分即可。打好的奶糊如照片所示。

13 放进80°C的热水隔水加热

慢慢地将奶糊倒进烤模。再把奶糊连同烤模放进高及烤模一半的80°C热水，隔水加热。接着放进预热到160°C的烤箱烤70分钟。大约每10分钟就掀起烤箱的盖子，让蒸汽散开。过高的温度都是造成舒芙蕾烧焦或破裂的元凶。时间到了以后，用竹签刺入，上面没有碎屑附着即可。

覆盆子舒芙蕾

sufflé aux framboises

因为加了充满气泡的蛋白霜，所以放进烤箱的舒芙蕾才能变得愈来愈蓬松。可是，从烤箱拿出来以后，原本饱满的舒芙蕾只需一眨眼的工夫就凹陷了。所以烤好了一定要马上吃，才能享受到一边喊烫却又一口接着一口的美妙口感。虽然市面上也有连同果泥一起烘烤的水果舒芙蕾，但作者的做法并非如此。他的做法是把覆盆子奶油当作蘸酱蘸着吃。首先用汤匙舀起热腾腾的舒芙蕾，再舀起一匙覆盆子奶油酱，一起送入口中。舒芙蕾和奶油停留在口中的时间稍纵即逝，所以请务必好好享受那入口即化的轻盈口感。

材料（直径 5.5cm 的小陶锅 10 个）

砂糖	65g
蛋黄	中型鸡蛋 4 个
蛋白	中型鸡蛋 4 个
柠檬汁	5g
酸奶油	50g
玉米淀粉	15g
覆盆子果汁	15g
牛奶（全脂）	100g

准备材料。把白砂糖分为两份，分别是蛋白用的 20g 和蛋黄用的 45g。不想让覆盆子的酸味显得过重，所以加入酸奶油和柠檬汁的酸味中和。制作覆盆子的果汁时，可以先将冷冻覆盆子恢复成常温再榨成果汁，或者使用果泥。牛奶要加热到滚烫。玉米淀粉的作用是增加浓稠度。

1

把蛋黄倒进碗中，用打蛋器轻轻打散。如果不先打散就放入白砂糖，有时会留下黄色的糖粒。

2

把砂糖和玉米淀粉加入蛋黄

加入蛋黄用的砂糖，仔细搅拌到沙沙的颗粒感消失。接着倒入玉米淀粉，用打蛋器继续搅拌。只要搅拌到看不到白色粉末即可。

3

首先倒入一半煮沸的牛奶

把一半煮沸的牛奶倒入碗2中，搅拌均匀。玉米淀粉如果和冷牛奶搅拌容易结块，所以一定要先煮沸牛奶。

4

把混好的玉米淀粉和牛奶倒入锅内

把3倒进装有剩下牛奶的锅中。如果一口气把2倒进锅内，不但无法均匀搅拌，而且还会被锅的余热加热至烧焦。虽然有点麻烦，但请务必遵守。

5

用中火加热并迅速搅拌

搅拌均匀后，开中火加热。和制作卡士达酱（P38）一样，边煮边搅拌。煮一段再加入玉米淀粉。这时很容易发生结块，所以搅拌的时机一定要抓好。

6

煮成和卡士达酱差不多相同的硬度

再煮一段时间，让软硬度变得和卡士达酱差不多。出现一定的浓稠度后，把锅从炉上移开，利用余热继续加热。只要变成照片中的状态即可。如果还是出现结块，再筛一次。

7

把锅从炉上移开，加入酸奶油。搅拌至看不到白色的部分。

8

加入果汁和柠檬汁调和酸味

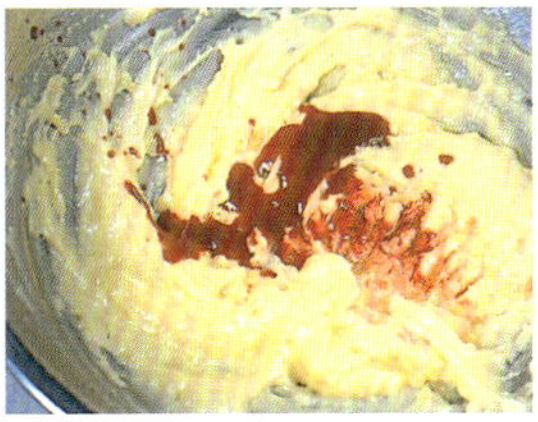

再加入覆盆子的果汁和柠檬汁，仔细搅拌。这么一来，奶蛋糊也有覆盆子的味道了。

9

加入1/4蛋白用的砂糖，用手持电动搅拌器中速打发。等到颜色发白、体积蓬松，再分3次加入剩下的砂糖，打成八分发的蛋白霜。再把蛋白霜加入8中。

10

搅拌蛋白霜，但小心不要压扁气泡

拿着橡胶刮刀，用往下探到锅底再舀起的方法搅拌。蛋白霜是让舒芙蕾膨胀的关键，所以尽量不要压扁气泡。时间拖得愈久，气泡会变得愈来愈少，因此，动作一定要快。

11

放进预热至200℃的烤箱烤12～14分钟

把无盐奶油（分量外）抹在小陶锅内，撒上砂糖（分量外），再放进冰箱冷藏。接着倒进10，放入预热到200℃的烤箱烤6～7分钟。途中拿出烤盘，再烤6～7分钟，就能烤出外表完美的舒芙蕾了。

制作覆盆子奶油

材料

砂糖	10g
鲜奶油	20g
覆盆子酒	5g
覆盆子	30g

准备所有材料。这里用的覆盆子酒是覆盆子香甜酒。覆盆子用冷冻品就可以了。先把酒淋在覆盆子上，可以先解冻。把覆盆子切成粗块。

1

砂糖加入鲜奶油中，再用冰水冷却，同时用电动搅拌器中速打发。打发到一定程度后，改用打蛋器打成八分发（P31）。再加入解冻的覆盆子。

2

仔细搅拌，小心不要把气泡压扁了。只要整体变成淡粉红色即可。

玛德莲蛋糕

madeleines

材料（4.5cm × 3.5cm 的贝壳模 200 个）

- 全蛋 · 260g（中型鸡蛋的话约 5 个；小型鸡蛋的话约 6 个）
- 砂糖 …………………… 210g
- 蜂蜜 …………………… 20g
- 香草荚 …………… 1/4 条
- 柠檬 …………………… 1 个
- 低筋面粉 ………… 250g
- 发粉 …………………… 5g
- 无盐奶油 ………… 250g

准备材料。迅速搅拌低筋面粉和发粉以后，过筛两次，以免结块。先混再筛，可以让低筋面粉和发粉混得更为均匀。加入蜂蜜，烤出来的蛋糕体会更为湿润。柠檬用的是磨成泥的柠檬皮。磨皮之前，先将表面清洗干净。如果用发酵奶油取代无盐奶油，味道更佳。香草荚可用香草精代替。因为玛德莲蛋糕的个头较小，所以一次多做一些，如果把分量改为书中的 1/3 也是可行的。

玛德莲蛋糕的外形虽然简单，但味道却很有深度，让人百吃不厌。添加了蜂蜜再烤的蛋糕，吃起来湿润又香气十足，非常容易入口。口感温醇，甜而不腻，吃的时候还隐约闻得到柠檬的香味。如果想做出这样湿润绵密的蛋糕，那么在搅拌蛋的时候，千万不要把蛋汁打发。如果不小心打发了，蛋糕体在烤的时候会凹陷下去，质地也会变得又干又硬。但只要谨守这个原则，接下来的步骤就简单了。烤模也可以用市售的纸模。不过，还是尽可能用小一点的贝壳模制作，再搭配红茶，就能渡过一个满足无比的点心时光。

1

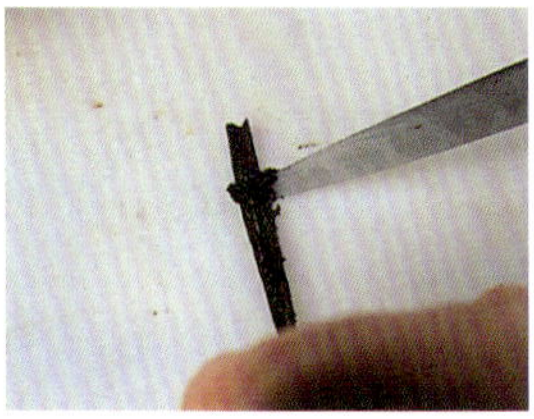

保留香草荚的尾端不动，再从正中央纵切，把香草子刮下来。

2

把全蛋打入碗中，加入 1 的香草荚。这样蛋汁就会有香草的味道。

3

把柠檬皮磨成泥

把柠檬皮磨成泥。如果连白色纤维的部分都磨进去，会产生苦味，所以只要磨黄色部分即可。

4

把 3 的柠檬皮加入 2 的全蛋中，仔细搅拌。此时如没有把蛋彻底打散，一会与砂糖搅拌时，会产生黄色颗粒。

5

搅拌时注意不要流入空气

加入砂糖，和蛋黄仔细搅拌。前后来回直线式搅拌，好让空气尽量不要流进去。如果把蛋汁打发了，蛋糕会凹陷扁塌，烤不出蓬松饱满的效果。

6

只要搅拌到砂糖的颗粒感和蛋汁的弹性消失即可。判断标准是表面略微起泡，舀起蛋汁时，一下子便滴落下来。

7

加入用来软化面团的蜂蜜

加入蜂蜜。如果蜂蜜凝固了，先用微波炉加热至软。蜂蜜的作用是增加蛋糕体的湿润度，但等到最后才放的话，会让蛋糕变得太硬。一定要在这个阶段就放进去。

8 仔细搅拌使粉类均匀混合

倒入事先过筛的低筋面粉和发粉，用和面的方法搅拌。

9

只要搅拌到看不到粉类白色的颗粒即可。虽然不用太过在意搅拌方法，但搅拌过度的话，面粉会产生黏性，也会影响蛋糕烤出来的品质。

10 等待面团发酵时间要超过30分钟

用微波炉加热无盐奶油，使其完全化为液状。再把奶油倒入9中，搅拌均匀后，将面团静置30分钟以上，使其发酵。这样，才能烤出蓬松绵密的蛋糕。

11 用手指按压看看如果马上弹起代表已经完成

将无盐奶油（分量外）涂抹在烤模上，再将面团挤入至九分满。放进预热至210℃的烤箱烤15分钟。烤好后用手指按压看看，如果马上弹起，代表已经完成。烤的时间会依烤模大小略有出入，所以书上写的时间只能当作参考。最后把模具倒扣，将玛德莲蛋糕脱模，放凉。

吉耶那

guienne

吉耶那算是费南雪（Fiancier）的一种，也是添加了大量的蕉香奶油和杏仁粉所制成的一种常温点心。所谓的费南雪，原意是金融家和财政人士。只要一看制作这道点心所需要的材料，不难想象费南雪在往昔是一种极尽奢华的甜点。一口咬下，奶油和杏仁的香味马上弥漫口中；虽然只有小小的一块，尝起来却很有满足感。作者的配方除了低筋面粉，还加了高筋面粉，所以除了保有费南雪一贯的湿润感，更是软糯又带有嚼劲。又加了半干无花果一起烤，口感自然更加丰富。

材料（叶形模 15 个）

蛋白	100g
砂糖	85g
转化糖	15g
香草荚	1/2 条
低筋面粉	20g
高筋面粉	20g
杏仁粉	40g
无盐奶油	100g
半干无花果	适量

准备材料。把低筋面粉和高筋面粉迅速搅拌，过筛 1 次。取香草子备用。转化糖呈水饴状，除了让蛋糕的香味变得更浓郁，也能帮助蛋糕烤出金黄诱人的色泽。最好能使用发酵奶油取代无盐奶油。烤出来的香味，绝对呈现天壤之别。不论使用何种奶油，都要先切成小块，加速融化。最后请配合烤模的大小，把无花果干切成约 1/4 大小。

1 把奶油放入锅内加热

首先制作焦香奶油。把奶油放入锅内，用大火加热。加热时，用打蛋器仔细搅拌，好让奶油均匀融化。因为奶油很容易烧焦，所以一定要勤加搅拌。

2 把火势转强，让奶油烧焦

奶油融化以后，继续加热，直到转为咖啡色，变成焦奶油。这时除了要不时把锅从火炉上移开，也要勤加搅拌，避免奶油完全烧焦。等到锅内的奶油出现照片中的颜色以后，把锅从炉上拿开，放进冰水冷却。如果一直让奶油留在锅内，会被余温继续加热，到时就焦过头了。

3 不要打发，只要消除蛋白的弹性就好

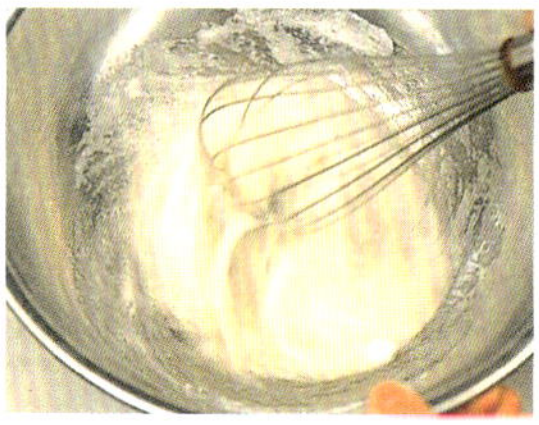

把蛋白放入碗中，用打蛋器打散，加入砂糖。只要搅拌到砂糖颗粒感和蛋汁的弹性消失即可。搅拌并非为了打发蛋白，用前后来回的方法直线搅拌，好让空气尽量不要流进去。

4

把香草子和转化糖倒进3。用打蛋器持续搅拌，直到转化糖完全溶于蛋糊。这时也尽量不要搅拌至发。

5

加入蛋白、砂糖、香草子和糖以后的状态。已经搅拌均匀，不过并没有打发起泡。

6 首先加入杏仁粉

把杏仁粉加入5 中搅拌。一口气倒进低筋面粉和高筋面粉的话，面粉会产生黏性，所以先从杏仁粉开始。

7 用切下的方法搅拌低筋面粉和高筋面粉

接着加入已经过筛的低筋面粉和高筋面粉，用切下的方法搅拌，直到看不到面粉白色的颗粒。因为不是在打蛋白霜，所以不必太在意是否把气泡压扁了，且不要过度搅拌。

8

粉类混好的样子。只要搅拌成照片中的状态就差不多了。没有任何困难之处，只要不搅拌到起泡就没问题了。

9 加入过筛的焦奶油

用锅承接放凉后过筛的焦奶油。如果不先过筛，奶油会残留焦黑的颗粒。另外，如果在奶油还很烫时就放进去，容易产生结块，所以一定要先放凉。

10

面糊完成的样子如照片所示。把面糊装在挤花袋里，再用挤花嘴将面糊挤进烤模。

11 用160°C烤20分钟

把无盐奶油（分量外）涂抹在烤模内，再将面糊挤入烤模至七分满，并放入无花果干。接着放进预热到160°C的烤箱烤20分钟。等到烤出金黄色就大功告成了。

洋李磅蛋糕

pound cake aux prunes

所谓的杏仁奶油酱，是除了杏仁粉，再加上糖粉、全蛋、无盐奶油所制作而成的馅料。它是制作挞类点心时必备的馅料，味道香醇，充满杏仁迷人的气味。而且做起来并不麻烦；既不用打发任何材料，也不必擀平面皮，只要把所有材料搅拌均匀即可。最棒的是，还能运用在各种点心。这里的做法是把面糊挤在纸杯里，再直接品尝。另外，也可以先把挞皮（P36）铺在烤模内，再挤上面糊，上面放些洋梨烤成洋梨挞或者用酥皮（P78）卷起来再烤也很美味。

材料（直径 6cm 的纸杯 6 个）

杏仁粉	50g
低筋面粉	10g
无盐奶油	40g
糖粉	40g
全蛋	40g
酸奶油	3g
洋李（无子）	6 个

首先准备材料。虽然西班牙进口杏仁粉有点贵，但做出来的蛋糕香气十足。只用杏仁粉制作的话，质地过于干硬，所以要加点低筋面粉调和。奶油选用一般的无盐奶油即可，但如果改用发酵奶油，风味更佳。奶油要先从冰箱拿出来，放在室温下回温。如果买的洋李干有子，要先把子取出来。另外准备少量装饰糖粉。

1 用筛孔较大的粉筛过筛面粉

迅速搅拌杏仁粉和低筋面粉以后，为了避免结块，过筛1次。稍微混匀再筛，混得比较均匀。过筛时，最好使用筛孔较大的粉筛。

2 把无盐奶油打成膏状

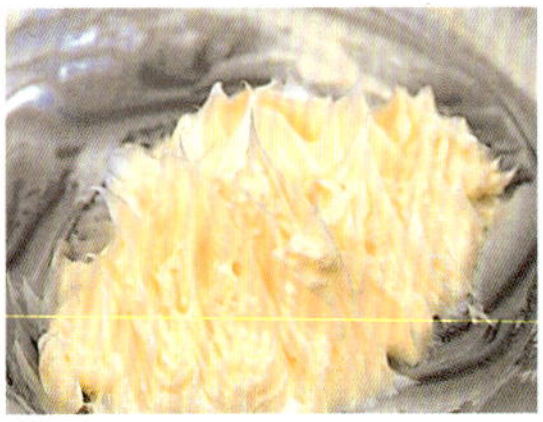

把无盐奶油放入碗中，用打蛋器或橡胶刮刀打成膏状。只要搅拌成照片中的状态就差不多了。

3 仔细搅拌糖粉和奶油

加入糖粉。仔细搅拌，直到糖粉白色的颗粒完全消失，已经充分被奶油吸收。用前后来回的方法直线搅拌，好让空气尽量不要流进去。如果用一般砂糖，不易与奶油混匀，所以一定要使用糖粉。

4

加入酸奶油，继续搅拌。虽然酸奶油仅有微量，却能将蛋糕提引出更多的美味。

5 用叉子将全蛋仔细打散

将全蛋仔细打散。用叉子打散，可以搅得比较混匀。首先用叉子叉住蛋黄一起搅拌，再逐渐让蛋黄与蛋白混合。

6 将1/3的全蛋5混入奶油之中

分次将1/3的全蛋混入奶油中，用打蛋器搅拌。用少量多次的方法加入，更易搅拌均匀。

7 接着加入1/3粉类

蛋汁和奶油完全混合以后，接着将1/3的量倒入1的过筛面粉中。之前加入少量的蛋汁等于是补充水分，所以倒入粉类后，较为容易搅拌。

8 用不是和面的方法搅拌

待粉类的白色颗粒消失，加入剩下的蛋汁，搅拌到看不到蛋汁黄色的部分。接着加入杏仁粉和低筋面粉，搅拌至看不到白色粉末即可。只要没有残留奶油的结块和粉类颗粒即可。

9 以180℃烤15分钟

把面团装入挤花袋，再挤到纸杯内。在正中央摆上洋李干，再用保鲜膜包起来，放进冰箱冷藏1小时。接着放进预热到180℃的烤箱烤15分钟。只要稍微烤上色就可以了。放凉以后，撒上糖粉（分量外）。

手指饼干

biscuit à la cuillère

手指饼干的质地有如海绵蛋糕般绵密，松软容易入口。把面糊挤成长条形所烤出来的手指饼干，据说在法国最常见的吃法是搭配杏仁糖。不过，享用手指饼干时，不论搭配咖啡或红茶都很合适，搭配冰激凌或巴巴露亚也非常对味。除了单吃，也可以用它来装饰慕斯；或者当作提拉米苏的饼底，装饰性很高。如果依照本书介绍的做法，把手指饼干排成一整条长方形，烤出来的就是口感异于一般海绵蛋糕的卷心蛋糕。这种手指饼干的蛋糕体可以衍生出很多变化，非常值得一试。

材料（手指饼干 10 根，30cm 的卷心蛋糕 1 条）

蛋黄	80g
蛋白	130g
白砂糖	115g
低筋面粉	130g
百里香、薄荷	适量
糖粉	少许

第一步是准备材料。蛋黄和蛋白要先分开。白砂糖也要先分成加入蛋黄用的 70g 和加入蛋白用的 45g。低筋面粉要过筛两次，以免结块。至于装饰用的香草，这里用的是百里香和薄荷，但也可以二选一，或者什么都不放。如果要做成卷心蛋糕，必须另外准备慕斯琳奶油馅（P39）和喜欢的水果。

1 把白砂糖混入蛋黄

用打蛋器迅速将蛋黄打散，加入砂糖。如果不先把蛋黄打散，有时会产生黄色颗粒。只要搅拌到砂糖的颗粒感消失即可。

2 用手持电动搅拌器高速打发蛋黄

用手持电动搅拌器高速打发蛋黄。用画圈的方法慢慢转动搅拌器，打出均匀的气泡。注意碗底不要残留砂糖。如照片所示，只要打到蛋黄的颜色转淡，体积也膨胀为原来的 2 倍即可。

3 将蛋白打发

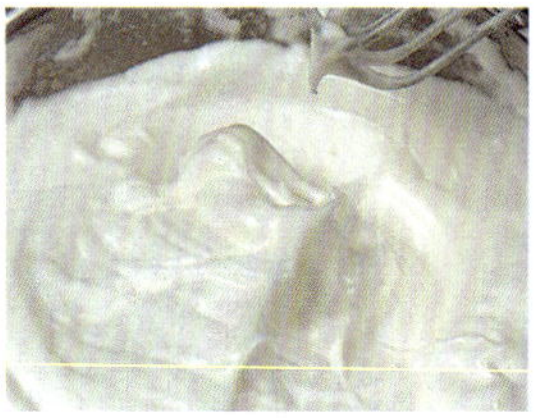

打发蛋白。加入1/5蛋白用的砂糖，用电动搅拌器高速打发。加点砂糖，比较容易打发。等到蛋白蓬松起来，打至约五分发后，从高速转为中速。持续用电动搅拌器搅拌，同时分 3 次加入剩下的砂糖。改用中速，打出来的气泡才会细致，也不容易消失。用打蛋器舀起蛋白霜看看，只要都不会滴下来就可以了。

4 把1/3蛋白霜加入蛋黄中

把1/3的蛋白霜加入2的蛋黄中，用切开的方法搅拌。这时先加入少许蛋白，等到倒入低筋面粉后，就不会发生结块的情形，可以顺利搅匀。

5 用大力切开的方法分次混入少量低筋面粉搅拌

用少量多次的方法加入过筛的低筋面粉，搅拌均匀。搅拌时，拿着橡胶刮刀，用往下探到锅底再舀起的方法进行。不可搅拌过度。只要搅拌到面粉白色的部分消失即可。

6 用切开的方法混入剩下的蛋白霜

加入剩下的蛋白。为了保护气泡不被压扁，一手转动碗，另一手拿着橡胶刮刀往相反方向搅拌。只要搅拌到蛋白的白色部分消失即可。

7

面糊完成的样子如照片所示。最理想的状态是里面富含气泡，表面光滑平整。

8 等距排好面糊再以220℃烤8分钟

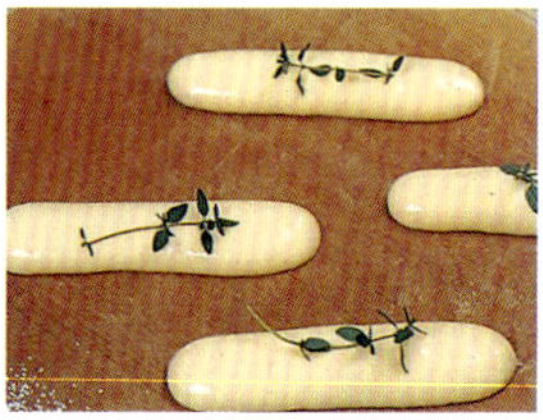

用挤花嘴挤出长约 8cm 的面糊。面团烤过会膨胀起来，所以每条面糊之间要保持一定距离。正中央放上香草后，撒上过筛的糖粉。接着放进预热到 220℃的烤箱烤8分钟。烤到表面还留有微量糖粉，而且也上色即可。从烤箱拿出来后，放凉，再把手指饼干从烤盘上拿下来。手指饼干的质地很软，如果还很烫时就想拿起来，可能会整块碎掉。

用手指饼干制作卷心蛋糕

1

用平坦的挤花嘴把蛋糕体一条条斜斜地挤出来

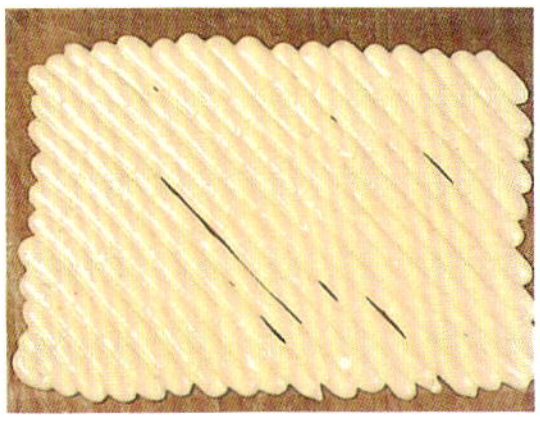

用平坦的挤花嘴制作出20cm×30cm的长方形蛋糕体。每条面糊保持有点黏又不至于完全黏住的状态，做出来的蛋糕最漂亮。上面再撒上糖粉。

2

放凉以后，把蛋糕体翻过来，抹上奶油馅

放进预热至200℃的烤箱烤8分钟。烤至微微上色后，先垫一张烘焙纸，再把从烤箱取出的蛋糕翻过来，使平坦的那面朝上。留下两端各2～3cm的空白，接着涂抹慕斯琳奶油馅，再放上喜爱的水果。最后在水果上再挤一层慕斯琳奶油馅。

3

连同烘焙纸将蛋糕卷起来。卷完整条蛋糕以后，用手握住蛋糕，将形状略微调整，再静置一段时间。接着拆下烘焙纸，切成自己喜欢的厚度。这里用的水果包括草莓、香蕉、奇异果和覆盆子。

塔可华兹

dacquoise

日本最近也吹起了一股“塔可华兹风”。这款用蛋白霜烘烤而成、口感轻盈的常温点心，好吃的秘诀之一是在表面形成“Perles”（法文的珍珠）这种糖霜结晶。塔可华兹的外形看似简单，但做起来却比想象中困难许多。第一，为了避免气泡消失，动作一定要快。所以制作的时候，尽量再找个人帮忙。其实，制作塔可华兹有专用的烤模，但不讲究形状的话，也可以用挤花嘴挤出椭圆形。直接吃已经十分美味，如果再夹点榛果奶油（P70），味道就更加正统了。

材料（塔可华兹专用烤模18个）

蛋白	225g
砂糖	67.5g
杏仁粉	168.5g
糖粉（蛋糊用）	101.5g
糖粉	适量

准备材料。糖粉一定要先分为两堆，分别是蛋糊和撒在成品上专用。考虑到用来打发蛋白的碗，待会还要拌入杏仁粉等其他材料，最好选择大一点的。烤模沾水后要擦拭干净，避免杏仁蛋糊出现沾黏的情形。

1 把杏仁粉和糖粉混在一起

将杏仁粉和糖粉混合后，先用手仔细搓揉一番再过筛。过筛以后，粉类不宜过度搅拌，所以在这之前要充分混匀。

2 筛到粉中没有残留的颗粒

将1的粉类过筛两次，呈现照片中的状态即可。仔细过筛，让粉中没有残留的颗粒。

3 把蛋白打发至九分发

把1/5的砂糖加进蛋白，用手持电动搅拌器高速打发。等到颜色稍微转白，倒入剩下的砂糖，一鼓作气地打发，并不时观察其光泽和细致度，最终打发成蛋白霜，以便待会拌入杏仁粉。所以，倒入砂糖以后，就要一口气把蛋白打至九分发（尖端形成尖角）。

4 一人倒粉另一人负责搅拌

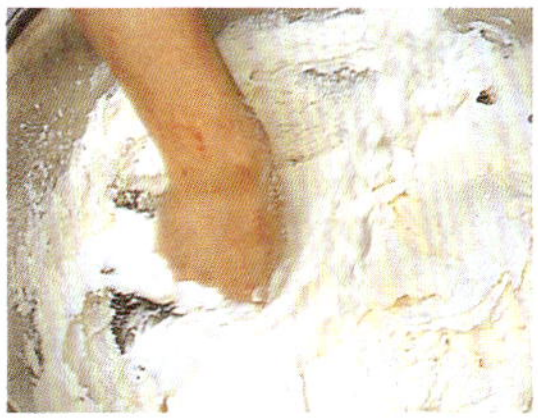

搅拌蛋白霜，同时把2的杏仁粉和砂糖撒入。可以的话，最好一人倒粉，另一人负责搅拌。时间拖得愈久，蛋白霜的气泡愈容易扁塌，所以需要两个人共同进行。

5 趁气泡尚未扁塌之前迅速搅拌

尽可能趁气泡尚未扁塌之前迅速搅拌。只要粉类的白色颗粒消失，变得像照片一样即可。动作太慢，气泡会逐渐扁塌，烤出来的饼皮会失去应有的柔软，变得干硬。

6 用口径较大的挤花挤出杏仁蛋糊

把烘焙纸铺在烤盘上，再放上塔可华兹专用烤模。以口径约1cm的挤花嘴挤出杏仁蛋糊。有点溢出来也没关系，等下再抹平就好。进行这项操作时，动作也要利落些。

7

用蛋糕刀等刮掉表面多余的杏仁蛋糊。再把多余的蛋糊集中起来，放回碗中。

8 稍微晃动烤模，把蛋糊逐个敲下来

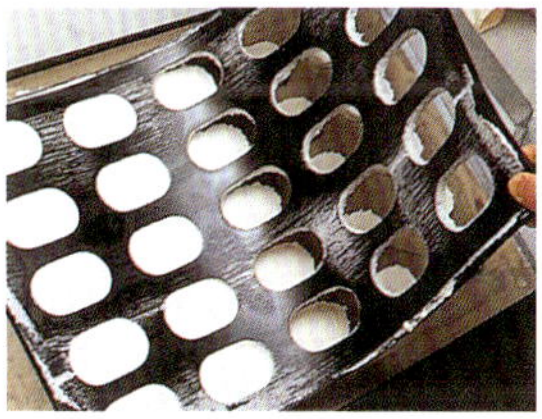

脱模。稍微晃动烤模，把蛋糊逐个仔细地敲下来。蛋糊容易黏在底部，如果硬拔，很容易整块扁塌。动作要轻柔，才能让每颗蛋糊保有完整的形状。

9 撒上糖粉静置片刻

用滤茶网在表面均匀地撒上糖粉。糖粉也一起烘烤，是塔可华兹最大的特征。表面的颗粒触感称为“珍珠”。撒糖粉很关键，不能马虎。撒好以后静置片刻，让糖粉充分渗入。

10 等到糖粉渗入再撒一次

表面的糖粉渗入之后，在上面再撒一次糖粉。撒了两次以后，吃起来才会感觉到颗粒口感。接着放进预热至165℃的烤箱烤20分钟。只要成功地烤上色即可。

塔可华兹奶油夹心

crème dacquoise

塔可华兹和马卡龙等常温点心都可以像三明治一样，先抹上馅料，再两片夹起来。以前的奶油有味道过于厚重的问题，很多人尝了奶油馅以后，只觉得奶油味在口中久久不散，因此，对这种奶油夹心的点心敬而远之。不过，近年来奶油馅料也不断地推陈出新，美味程度大大升级，所以重新受到食客的青睐。以作者的配方所做出来的奶油馅料，口感轻盈，味道香醇，让人意犹未尽。奶油的质地清爽，入口即化，即使单吃也不感到腻。这次做了两种奶油馅：一种是榛子奶油，另一种是覆盆子奶油。榛子奶油搭配的是塔可华兹，覆盆子奶油则和马卡龙搭档。不过，把这两种馅料涂抹在海绵蛋糕上（P30），做成卷心蛋糕也是不错的好主意。

材料（塔可华兹的奶油夹心 12 个）

无盐奶油	250g
牛奶（全脂）	80g
榛蛋黄	60g
砂糖	80g
蛋白	60g
榛果酱	80g
覆盆子果泥	65g
塔可华兹	适量

准备材料。无盐奶油要使用标示着"Fresh Better"的种类。建议使用可尔必思奶油（Calpis Better）。蛋白和蛋黄要事先分好。榛果酱是杏仁经过烘焙后再磨成泥状的产品，可以直接购买市售的现成品。覆盆子果泥可以从点心烘焙材料行购得，也可以使用冷冻品。

1 把杏仁粉和糖粉混在一起

把蛋白和白砂糖放进锅内，用大火加热。不熟练的人可改用中火，避免烧焦。为了避免烧焦，用打蛋器不时搅拌，让锅内的温度达到50°C。加热的用意是延长气泡维持的时间。

2

把锅从炉上移开，把蛋白打成较硬的蛋白霜

把锅从炉上移开，改用手持电动搅拌器打发。像照片一样，把蛋白打成具备光泽、质地较硬的蛋白霜。判断的标准是：舀起蛋白霜时，前端呈现尖角，不会流动。

3

仔细把蛋黄和牛奶搅匀

把蛋黄和牛奶混在一起，仔细搅匀。混好以后接下来要加热；因为蛋黄受热后容易凝固，所以必须像照片一样先把蛋黄和牛奶混在一起，并搅拌均匀。

4

加热到蛋黄和牛奶变得浓稠

把3移入锅内，点火加热。蛋黄很容易凝固，如果不习惯，用小火也可。为了避免烧焦，打蛋器得不时搅拌。等到蛋黄和牛奶稍微变得浓稠，关火。如照片5所示，只要有点滑溜就行了。

5

因为蛋黄系带也打进去了，所以要过筛，才能变得平滑。

6

打发到体积膨胀

用手持电动搅拌器高速打发5。不用担心会打发过度，一定要有耐心仔细打发。如照片7所示，打到体积膨胀为止。打发后，蛋的味道才会显得更加温醇。

7

把奶油打成膏状

用另一个碗，用手持电动搅拌器搅拌无盐奶油。也可以改用打蛋器。先把奶油放室温下回软。奶油打成膏状以后，先把一半的量加入6中，用手持电动搅拌器打匀。

8

再分两次加入剩下的奶油

加入剩下的奶油继续搅拌。奶油容易分离，分两次加入，才能搅拌均匀。

9

加入蛋白霜，小心不要把气泡压扁

加入蛋白霜2，改用橡胶刮刀用切开的方法搅拌，避免把气泡压扁。只要搅拌到蛋白霜白色的部分消失即可。成功的蛋白霜，正是入口轻盈的秘密武器。

10

把榛果酱加入一半的9。榛果酱的杏仁味很重，所以不能放太多。适当的比例大约是每100g奶油加入30g榛果酱。

11

为了避免气泡被压扁，一定要轻轻搅拌。混匀后，就是榛果奶油馅了。可以当作夹进塔可华兹的内馅。

12

制作覆盆子奶油。调配比例大约是每100g奶油加入覆盆子泥25g。果泥加入后，用橡胶刮刀轻轻搅拌。

13

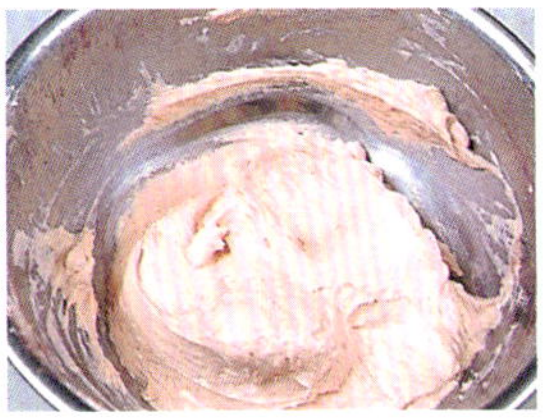

果泥的水分含量高，虽然一开始搅拌会有分离的现象，但只要搅拌一段时间之后，就会像照片一样均匀滑顺。如果还是无法顺利搅匀，可以用隔水加热的方法稍微加热。

芝麻与柳橙蕾丝瓦片饼

dentelle au sésame et oranges

Dentelle 在法文中是蕾丝的意思。正如其名，瓦片饼干的外观，的确像蕾丝般细致。不过，吃起来风味十足。一片薄如蝉翼的饼干，结合了甜味、芝麻的香气与柑橘的滋味。才咬下一口，柑橘迷人的香味立刻扑鼻而来，也是佐茶的最佳良伴。下次也可以用杏仁粒代替芝麻，尝起来更接近正统的法式口味。或者把柳橙换成柚子，增添几分日式风味。这种蕾丝瓦片饼干不易维持外形的完整，所以烤好以后，拿的时候要非常小心。

材料（直径 5cm 的饼干约 50 片）

牛奶（全脂）	20g
砂糖	60g
水饴	20g
无盐奶油	60g
黑芝麻	30g
白芝麻	30g
柳橙皮	10g

准备材料。把水饴倒进碗内，用微波炉加热 30 秒。软化后，比较容易和奶油混匀。之所以使用水饴而非砂糖，是为了烤出酥脆的口感。芝麻也要一起放进烤箱烤。柳橙使用前先用清水冲洗干净，再用工具把皮磨成泥。如果磨到白色纤维会产生苦味，所以只要磨到橘色部分就好。

1

把无盐奶油放入微波炉加热约 2 分钟。完全融化为液体状后，加入牛奶迅速搅拌，再倒入已经软化的水饴。

2

仔细搅拌水饴，使其完全溶解。等到水饴成团的地方完全被打散，接着加入砂糖。

3

倒入大量柳橙皮

搅拌到砂糖的颗粒感消失以后，加入磨成泥的柳橙皮。蕾丝瓦片饼中柳橙皮的量一定要够，烤出来的柳橙风味才浓。

4

加入大量的黑白芝麻

加入白芝麻与黑芝麻，大略搅拌。如同照片所示，芝麻的量一定要够，才能烤出浓浓的芝麻香。

5

面糊完成的状态。感觉奶糊的存在好像只是填补芝麻的空隙。

6

把烘焙纸铺在烤盘内，用茶匙舀出和照片中差不多的分量。

7

把面糊摊成直径约 5cm 的圆形薄片

把面糊倒在烤盘上，用叉子的背面摊成直径约 5cm 的圆形薄片。

8

放凉后再拨下来就完成了

放进预热至 150℃ 的烤箱烤 15 分钟。放凉后，先拨一片下来，检查烤后的状态。如果一下子就能拨起来，代表已经完成。否则可再烤 2～3 分钟。时间到了以后，再拨下来检查一下。不过，瓦片饼干很容易烧焦，不要烤过头。

9

完成的样子如照片所示。烘烤会让水分蒸发，形成到处布满小洞的状态。如果想要烤出这样的饼干，秘诀是在步骤 7 要尽量把面糊摊薄。

布列塔尼奶油饼干

galette bretonne

这种厚实的饼干称为Glaette Bretonne，是法国布列塔尼地区的传统烤饼。一口咬下这种色泽诱人的饼干，口感却意想不到的酥脆，而且吃得到浓浓的奶油香。作者的独家配方还加了酸奶油，多了一点酸味和浓醇。这道饼干的做法不难，即使是平常觉得做点心很麻烦、又担心会失败的人，都能轻松完成。因为只要依据配方，把材料混在一起搅拌即可。奶油和蛋放的量都相当可观，所以面团有点软，但只要先放进冰箱冷藏一阵再做，每个人都可以轻松烤出美味的饼干。为了美化饼干的形状，这次用的是圈形模；如果家里没有，也可以改用大一点的锡箔杯。烤好的饼干可以保存一星期，所以很适合多烤一点，当做馈赠亲友的礼物。

材料（直径 5.5cm 的烤模 10 个）

低筋面粉	230g
糖粉	130g
蛋黄（面团用）	45g
酸奶油	10g
无盐奶油	220g
盐	2g
朗姆酒	20g
蛋黄（涂抹用蛋汁）	1 个
牛奶（全脂）	少许
即溶咖啡	少许

准备材料。使用糖粉，不会有颗粒残留在面团中，能使烤出来的口感更佳。无盐奶油要先放在室温下回软。低筋面粉要过筛两次，避免结块。酸奶油除了增添酸味，也能让味道更加浓郁。

1 用和面的方法搅拌避免空气流入

把无盐奶油和糖粉倒进碗中。用手压碎奶油，再用和面的方法把砂糖混入奶油。只要两者混匀，看不到砂糖白色的颗粒即可。尽量不要让空气流入，否则饼干容易在烤的过程中破裂。也可使用打蛋器，要压到碗底，而且以一定的方向旋转，将材料拌匀。

2

加入盐和酸奶油，继续搅拌，直至成为平滑的膏状。

3 搅拌蛋黄与低筋面粉

完全搅拌为泥状以后，加入面团用的蛋黄。用打蛋器把奶油拌进面粉内，直至看不到黄色部分。接着加入低筋面粉，按照1的方法，用不要让空气流入的方法搅拌，直至面粉白色的颗粒消失。

4

最后加点朗姆酒调味。只要把材料混匀即可。搅拌好的面团很软，而且有点黏，但只要用保鲜膜包好，再冷藏一段时间就没问题了。只要将奶油打发，就可以大为降低失败的概率。

5 用保鲜膜将面团包好，放进冰箱冷藏一晚

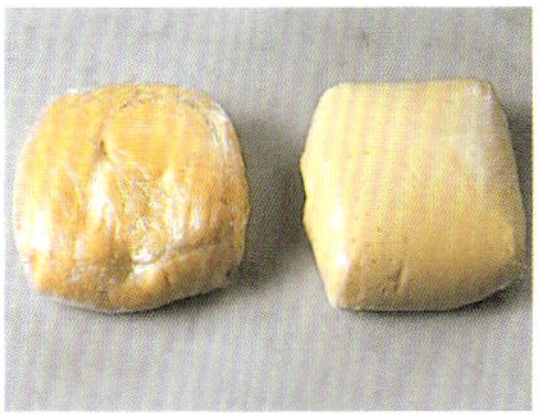

用保鲜膜将面团包好，放进冰箱冷藏一晚。放置一晚之后，面团的颜色如照片所示，变得比较黄，这代表面团的味道已经变得均匀，烤出来的饼干也会很好吃。如果先让它变得硬一点，也会更容易操作。

6 把面团切成小块重新揉成一块

把面团放在撒有手粉的操作台上，先切成小块，再重新揉成一块。这样比较容易将面团擀平。不过，这种奶油含量高的面团容易变软，所以动作一定要快。另外，手粉要用高筋面粉。

7 使用擀面杖把面团均匀地擀平

把长约 8cm 的擀面杖放在面团正中央的位置。用擀面杖将面团擀平。这种方法即使是新手也能迅速地把面团擀成一致的厚度。

8

用直径5.5cm的圆形模压出圆形。压的时候需要点力气，一定要趁着面皮还硬的时候进行。把压好的每一块圆形面皮用相同的间隔排放在烤盘内。全部排好以后，放进冰箱冷藏约10分钟，以增加面皮的硬度。

9 把咖啡粉和牛奶加入涂抹用的蛋汁

利用面皮在冰箱冷藏的时间制作涂抹用的蛋汁。首先打散蛋汁，加入量约为1/3蛋汁的牛奶和少许即溶咖啡粉，搅拌均匀。咖啡粉的量仅有微量，但和只有加蛋的涂沫液比起来，烤出来的颜色略深，看起来更加诱人。

10 等到涂抹用的蛋汁干了再涂一次

从冰箱取出8的面皮，涂抹上9的蛋汁。先涂一次，等到蛋汁干了，再涂一次。反复多涂几次，烤出来的光泽度和只抹一次的截然不同。

11 用叉子划下交叉状的纹路

如照片所示，拿支大一点的叉子划下交叉状的花纹。因为面皮冰过后已经变硬，所以很容易操作。划好后就可以送进烤箱了。

12 以175°C烤20~25分钟

准备比刚才印压面皮时大一号的烤模，先抹上色拉油，再套进面皮。接着放进预热至175°C的烤箱烤20~25分钟。只要成功烤上色就可以了。

瓦片饼干

tuile aux amandes

Tuile在法文中是瓦片的意思。据说这种薄片饼干要放在圆筒状的物体上，轻压成弯弯的形状，看起来很像瓦片，故而得名瓦片饼干。和日本的瓦片煎饼可说有异曲同工之味。不过，法式瓦片饼干不像瓦片煎饼那么厚实，质地薄脆细致。一咬就发出清脆的声音，脆脆的嚼感让人忍不住一片接着一片吃。为了做出瓦片的造型，必须趁热把饼干放在擀面杖上，压出弯曲的形状。烤过头会无法顺利塑形；但如果烤得时间不够，不但吃起来不够酥脆，杏仁的香味也无法发挥。诀窍是烤到周围的颜色较深，中间只需略微上色就好了。

材料（5cm × 6cm 的饼干 30 片）

全蛋	50g
蛋白	30g
无盐奶油	25g
低筋面粉	33g
糖粉	83g
杏仁片	100g

准备材料。如果能使用发酵奶油，风味更佳。不过，使用一般的无盐奶油也没有问题。低筋面粉先过筛 2～3 次，避免产生结块。杏仁片先放在烤盘里排好，以预热到 120℃的温度烤 10～15 分钟。烤了 5 分钟以后，拿起来轻轻搅拌，好让内外两面都能均匀受热。只要烤到表面薄薄上色即可。瓦片饼干烘烤的时间不长，只要稍微烤一下，杏仁片就会完全烤熟，散发出浓郁的香味。为了加速糖分渗入，不用砂糖而改用糖粉。

1 搅拌全蛋和蛋白但不要打发

把全蛋和蛋白打入碗中，用打蛋器搅拌。只要蛋黄和蛋白搅匀即可。打发会改变瓦片饼干的口感。因此，要用前后来回的方法直线搅拌，好让空气尽量不要流入。

2

把 1 打好的蛋汁倒入糖粉。蛋白的量很多，如果使用砂糖很难混匀，所以改用糖粉。

3 用混入糖粉的方法搅拌

充分搅拌，让糖溶于蛋汁。只要糖粉完全溶解，没有白色结块即可。

4

倒入仔细过筛的低筋面粉，搅拌至面粉白色的颗粒消失。虽然搅拌的方法并无太大的限制，但还是要注意如果搅拌过度，面粉会产生黏性。

5 融化奶油，放凉后倒进碗内

微波炉加热奶油约 2 分钟，使其完全融化。如果把热的奶油倒进碗中，会把蛋汁烫熟，所以要等到放凉后再倒。奶油倒进4后，搅拌至完全看不到奶油黄色的部分。

6

面糊搅拌完成的样子如照片所示。只要把所有的材料搅匀即可，不用多少时间就完成。

7 混入杏仁片让面糊发酵 2 小时

最后加入事先烘焙过的杏仁片，搅拌均匀。让杏仁片充分裹上面糊。接着用保鲜膜包住碗，让面糊发酵 2 小时。

8 尽量把面糊抹得薄一点

把烘焙纸铺在烤盘上，再用茶匙舀出大约半匙的面糊，倒进烤盘。用茶匙的背面，尽量把面糊抹成长约 6cm 的椭圆形薄片。如果薄到能隐约看到烤盘的程度最理想。

9 烤到周围的颜色较深、中间微微上色

放进预热至140℃的烤箱烤12分钟。如照片所示，只要烤到周围的颜色较深，中间微微上色即可。如果烤到整片饼干都出现焦色，就很难制作出瓦片的造型。

10 趁热把饼干放在擀面杖上，轻轻按压

用蛋糕刀立刻将饼干从烤盘刮下来，像照片一样放在擀面杖上。先戴上隔热手套，把饼干压成弯形。饼干凉了以后会变硬，无法轻易塑形，所以尽量站在烤箱旁，每刮下一片饼干，就立刻塑形。如果在饼干变硬前无法完成作业，必须重新加热再继续。

凤梨香蕉酥皮卷

phyllo bananes-ananas

所谓的酥面皮（Phyllo），是由玉米所制成的薄片。一开始大多运用在料理上；不过，在甜点店也不时可以发现它的踪迹。在酥皮上抹点奶油，再放进烤箱烤，味道会变得十分香脆，感觉很像单吃一张薄薄的派皮。这里的做法是挤进杏仁奶油馅（P64），再放上香蕉、凤梨一起卷起来，当然也可以像红豆薄荷酥皮派（P12）一样拧成茶巾形。不论采用哪一种，一定是两片酥皮叠在一起。就算烤的时候有些地方破掉了，看起来也别有一番风味。

材料（20条份）

杏仁奶油酱		香草荚	1条
杏仁粉	150g	凤梨	1/4个
无盐奶油	100g	香蕉	2～3条
酸奶油	8.3g	酥皮	40片
糖粉	83g	无盐奶油	100g
转化糖	16.7g	粗砂糖	适量
全蛋	100g		

准备材料。在杏仁奶油酱里加点酸奶油，不但让味道呈现隐约的酸味，而且吃起来和凤梨很对味，让整体的滋味显得更加丰富。另外，添加转化糖的用意，是为了增加口感的湿润度。首先把酥皮裁成12cm的正方形。因为酥皮很容易破，处理时记得要小心。酥皮干掉的速度很快，所以一直到使用前都要用保鲜膜包起来，放在冰箱保存。无盐奶油要先放进微波炉加热至液态。

1

把放入碗中的无盐奶油打成膏状。接着加入酸奶油、糖粉、转化糖和香草荚。香草荚先切成两半，用刀尖刮下香草子（P38）。

2 仔细搅拌糖粉和奶油

仔细搅拌，直到看不到糖粉白色的颗粒。搅拌成和照片差不多就行了。

3 加入一半的蛋搅拌

把一半的蛋倒进2中，仔细搅拌。还不熟练的话，可以先把蛋打散再倒进去。只要搅拌，并非打发，所以拿着搅拌器前后来回地直线搅拌。

4 倒入杏仁粉搅拌

接着倒入杏仁粉搅拌。奶油和蛋液中的水分容易产生油水分离的情形，所以要搅拌到一半再加入杏仁粉，这样才不会分离。

5

加入剩下的蛋，搅拌完成后就是杏仁奶油酱了。只要像照片中的样子就可以了。

6 在酥皮上抹上融化奶油

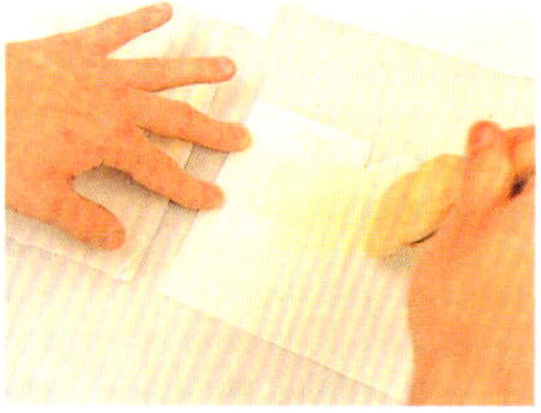

在酥皮上抹上融化奶油。酥皮干得快，所以要抹上奶油防止干燥。另外，抹了奶油以后，酥皮烤的才会酥脆。酥皮非常容易破，经手时一定要特别小心。

7 将两片酥皮重叠

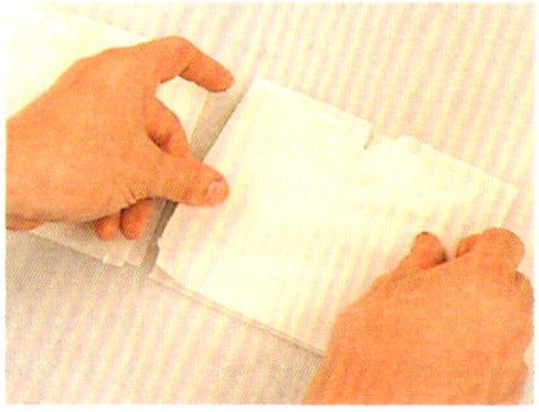

把酥皮抹上奶油后，再叠上一张酥皮。只有一张酥皮的话很容易破，一定得再叠一张。而且，两张叠在一起更能增加酥脆感。

8 挤上杏仁奶油酱

另一张酥皮抹上融化奶油以后，用圆形挤花嘴把5的杏仁奶油酱挤在酥皮的正中央。

9 卷成条状按住头尾两端拧紧

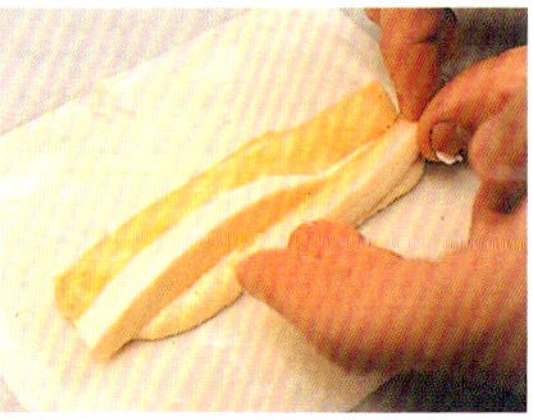

把切成细丝的香蕉和凤梨放在杏仁奶油酱上。卷成条状以后，压住头尾两端拧紧。卷的时候尽量避免空气进入，表面再抹上一层融化奶油，可以让烤出来的颜色更漂亮。

10 撒上粗砂糖以180℃烤35分钟

撒上粗砂糖，再放进预热到180℃的烤箱烤35分钟。只要烤到中间有些膨起，颜色也很漂亮就可以了。

布丁

crème caramel

布丁的做法相当简单，只要把蛋和砂糖搅拌在一起，再加入温热的牛奶即可。书目的配方又增加了蛋黄的分量，所以吃得到更浓郁的蛋香，味道十分迷人。除了最单纯的版本以外，本书当然也会介绍加了水果或面包的做法，请大家务必挑战各种不同的版本。大概只有焦糖酱可能没办法做一次就上手，但是焦糖酱独特的苦味，可说是布丁的灵魂，而且应用在其他点心上的比例也很高，所以请大家一定要多练习几次，直到得心应手。

材料（布丁烤模10个）

牛奶（全脂）	600g
全蛋	180g
蛋黄	45g
砂糖	238g
香草精	数滴

准备布丁本体的材料。鸡蛋应选用品质好一点的。如果用香草荚取代香草精，风味更佳。使用香草荚的话，处理方法和P38一样，先刮下香草子，放入的时机也相同。砂糖要先分成焦糖用的100g和布丁用的138g。另外，再准备30g热水。

杏子干	40g
布里欧修	20g
洋梨	40g

准备放进面包布丁里的配料。这里用的杏子是半干式的，质地柔软。如使用果干的话，可以先把果干浸泡在酒中，使其软化。除了洋梨，也可以加入草莓、香蕉等喜欢的水果。这里的面包布丁加了布里欧修，但如果改用吐司也可。最好使用放了一天，有点变硬的吐司，口感最佳。记得要先切成小块。

1 用大火加热砂糖

第一步制作焦糖酱。把制作焦糖的白砂糖倒入锅内，用大火加热。为了避免砂糖烧焦，必须迅速搅拌，加速砂糖融化。尽量用铜锅等材质厚一点的锅制作，较不容易失败。

2 煮了一段时间之后变成水饴状

搅拌一段时间以后，砂糖融化为水饴状。接着还要继续加热成咖啡色，但要特别注意：只要开始变色，一下子就转为咖啡色；如稍有疏忽，马上就烧焦了。没把握的话，可以在砂糖融为水饴状后改用中火。不过，火势太小会无法顺利上色，所以还是要维持一定的火势。

3 在锅内的泡沫溢出前关火，倒入热水

等到砂糖转为咖啡色，周围也不断起泡，在锅内的泡沫溢出前，把火关掉。倒进热水10g稀释。接着再倒入热水20g，继续稀释，让锅底的硬度呈半固体状。一次倒进太多热水，水会溅出来。温度下降以后，焦糖会变得更硬，所以要趁着焦糖尚处于膏状时操作。把焦糖倒进杯内，静置一段时间，直到凝固。如果在焦糖还没完全凉掉以前倒进布丁液，两者会混在一起。

4 搅拌蛋黄与全蛋再倒入白砂糖

利用等待焦糖变凉的时间制作布丁液。首先把全蛋和蛋黄打进碗中，仔细打散。两者要充分混合，砂糖才会顺利溶解。蛋白和蛋黄如果搅拌不均匀，加入白砂糖后，会形成黄色颗粒。不过，把蛋汁打发的话，布丁的口感会变得粗糙。蛋白和蛋黄搅匀后，接着加入砂糖。

5

仔细搅拌，直到砂糖颗粒感消失。砂糖和蛋汁混好的状态如照片所示。

6 分次加入温热的牛奶

用另一个锅将牛奶煮沸。接着把牛奶分次倒进蛋汁5，每次一勺。牛奶先煮沸再加入，才能和蛋汁充分混合；但如果一次倒入所有的牛奶，蛋汁会被牛奶的热度烫熟。所以一定要用少量多次的方法加入，仔细搅拌。倒入全部的牛奶后，再滴入香草精。

7 过筛布丁液，让质地变得更细致平滑

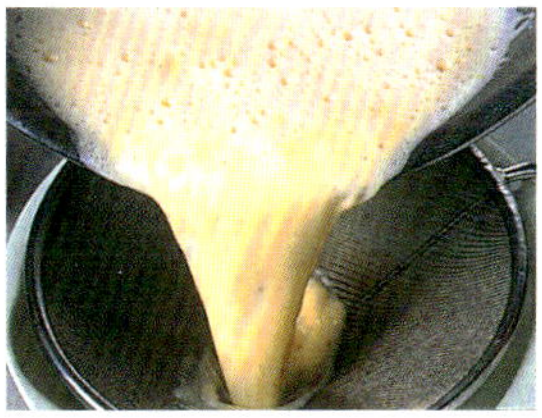

因为里面遗有蛋的系带等物质，所以要过筛布丁液。布丁最讲究的就是质地要柔滑细致，所以一定要先过筛再隔水加热。

8 仔细捞掉表面的泡沫

捞除表面的泡沫。如果有泡沫残留，会使绵密的口感大打折扣。用汤匙或叉子等，先将泡沫集中起来，再全部捞掉。

9 慢慢地倒入布丁液

慢慢地把8的布丁液倒进装有3的杯中，八分满即可。如果倒得太急，又会产生泡沫。最好尽量贴近杯口倒入。

10

制作面包布丁。在杯内倒入六分满的布丁液，再放入杏子和洋梨，最后放上布里欧修。配料不要放太多，以免掩盖布丁的风味。

11 加水，用隔水加热的方法加热

把布丁模一个个放在烤盘上排好，倒入高度约及杯子一半的水。放进预热到150℃的烤箱蒸烤35分钟。水量如果不足，烤箱的温度会不断上升，让布丁过度加热。烤好后，按压布丁的表面，如果不会黏附在手指上，而且马上弹起即可。

杏仁椰子牛奶冻

crème brûlée à la menthe et sa crème au chocolat

这道纯白的甜点，充满杏仁的香味。也有加入鲜奶油，让成品变得更加豪华的版本；不过，这里用椰奶提引出杏仁的风味，让整体的口感显得比较清爽。因此，负责增添风味的杏仁片要多撒一点，多到觉得好像有些过量。只要倒进碗等容器就可以了。再从碗中用汤匙舀起，盛在盘内，就是一道精致美丽的甜点了。这里淋的是卡士达酱；只搭配水果的话，其实就很美味，甚至单吃也可以。

材料（4人份）

杏仁切片	150g
牛奶（全脂）	275g
椰奶	25g
砂糖	37.5g
吉利丁片	3.5g
鲜奶油	25g
卡士达酱	30g
椰奶（淋酱用）	30g

使用的是杏仁切片，整颗杏仁或杏仁碎粒都不行。牛奶是味道好坏的关键，所以尽量选用脂肪含量高的优质品。虽然改用明胶粉更容易处理，但吉利丁片的凝固效果较佳，异味也低。淋酱用的卡式达酱，依照P38的方法做好备用。

1

把吉利丁片清洗干净，在清水中浸泡10分钟

把吉利丁片清洗干净，拭干水分。放进大量的水（大约5倍），浸泡5～10分钟，泡开。一定要先洗再泡，才能去除表面的异味。

2

泡开后，再洗一次，然后，擦干上面的水分

过了10分钟以后，泡开的吉利丁片已经软化了。仔细冲洗掉上面的异味，再将水气擦干。照片中的吉利丁片已经泡开了。

3

让牛奶充分吸收杏仁的风味

把杏仁切片、牛奶、椰奶、鲜奶油和砂糖倒进锅内，用大火加热。用橡胶刮刀按住杏仁片；加热时同时仔细搅拌，让牛奶充分吸收杏仁的风味。沸腾后关火。

4

用保鲜膜将锅包起来，静置约5分钟，使牛奶更加入味

用保鲜膜将锅包起来，静置5～7分钟，使牛奶更加吸收杏仁的味道。

5

过筛的同时把杏仁压碎

用细滤网过筛杏仁，并用手把杏仁压碎。这样才能保留完整的味道，使牛奶充分吸收。

6

用微波炉加热吉利丁片，融化后拌入牛奶液

用微波炉加热吉利丁片20秒，使其完全融化。吉利丁片容易烧焦，所以先加热20秒，再视情况决定要否继续加热。只要像照片一样变成液状就可以了。再把它倒进5中。

7

用40～50℃搅拌吉利丁片

用橡胶刮刀搅拌均匀。搅拌时的温度很重要。温度过低，搅不均匀。但如果再度加热到沸腾，又会使它的凝固力下降。最理想的温度是40～50℃。把牛奶液倒进容器后，用保鲜膜包好，放进冰箱冷藏一晚，使其凝固。

8

制作淋酱。把卡士达酱放进碗中，再加入等量的椰奶稀释。

9

浓稠度只要和照片差不多就可以了。因为是淋酱，所以把浓度调得比卡士达酱再稀一点，看起来更加美味。

10

用大茶匙舀起凝固的牛奶冻，再仔细倒扣在容器里。接着再舀一匙，放在第一匙上。淋上卡士达椰奶酱，再摆上水果当作装饰。

柑橘烤布蕾

crème brûlée à l'orange de kiyomi

满怀期待地敲开表面略带苦意的焦糖，舀下一匙入口即化的甜蜜布蕾；吃到尾声时，赫然发现柑橘的踪影……大概只能用丰盛来形容这道烤布蕾吧。这次难得使用了方糖，而且当作最后的惊喜藏在底层。做法是用方糖摩擦表面，让果皮和果汁渗入方糖，再当作甜味的来源使用。所以，每一口都品尝得到柑橘的芳香。另外，虽然有点费事，但接下来要介绍用奶油刀制作焦糖的方法，没有喷枪的人，不妨试着做做看。

材料（直径5.5cm的烤模6个）

鲜奶油	100g
牛奶（全脂）	150g
方糖	40g
柑橘	1个
蛋黄	40g
香橙干邑甜酒	少许

准备材料。为了运用柑橘的香味，使用方糖来摩擦表面；如果没有准备方糖，以砂糖代替也可以。把橘皮先磨成泥，再加进去一起搅拌。鲜奶油尽量选择脂肪含量40%以上的产品。添加香橙干邑甜酒是为了提味，没有的话也可以不加。另外，还要准备少量撒在表面的砂糖。

1 用方糖摩擦柑橘的表面

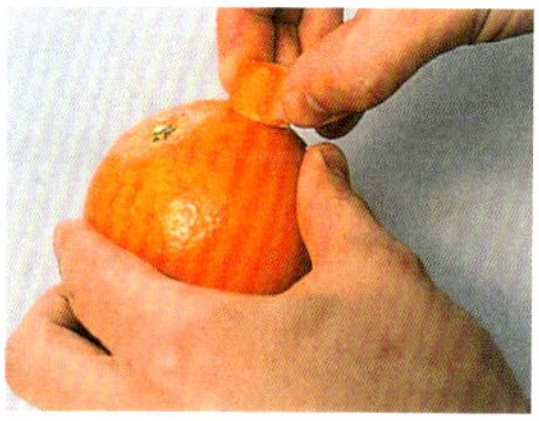

先把鲜奶油倒进碗内，将柑橘的表皮刷洗干净。搓得太用力会使风味流失，所以不要刷到变色。擦干表皮的水分后，用方糖摩擦表皮。如照片所示，让整颗方糖浸满了表皮的汁液。再连同切下来的表皮一起加入鲜奶油。

2 把冰牛奶倒进鲜奶油中

把冰牛奶倒进1中。虽然倒入冰冷的牛奶会使方糖较不容易溶解，但这样才能保留完整的柑橘风味。

3 让方糖完全溶解

用打蛋器搅拌，使方糖完全溶解。搅拌时，打蛋器要触碰到方糖。只要感觉不到方糖的颗粒即可。

4 打散蛋黄，再把鲜奶油和牛奶加进去

把蛋黄打入另一碗内，打散后，再把3的鲜奶油和牛奶混合物加进去，搅拌均匀。如果有准备香橙干邑甜酒提味，应趁这个时候加入。

5 过筛4以增加质地的细滑度

用细滤网过筛。因为里面可能还残留着方糖的颗粒和蛋液的系带等，所以一定要过筛。让布蕾的质地变得更加细滑。

6

削掉果皮。依照削苹果的要领，把带有涩味的皮削干净。如照片所示，把水果刀伸进两瓣果肉的接缝处。切下果肉后，再斜切成两半。

7

把2～3瓣果肉放置在烤模的底部，再缓缓倒入布蕾液。

8 用80°C的热水隔水加热

把烤模置于烤盘上，倒入一半的80°C热水，用蒸烤的方法加热。接着放进预热至140°C的烤箱，先单独用下火烤40分钟。如果烤箱没有上下火的调整装置，可以先把上面用锡箔纸盖起来，直接烤40分钟。烤好后摸摸表面，只要产生弹性就可以了。

9 把奶油刀放在瓦斯炉上加热

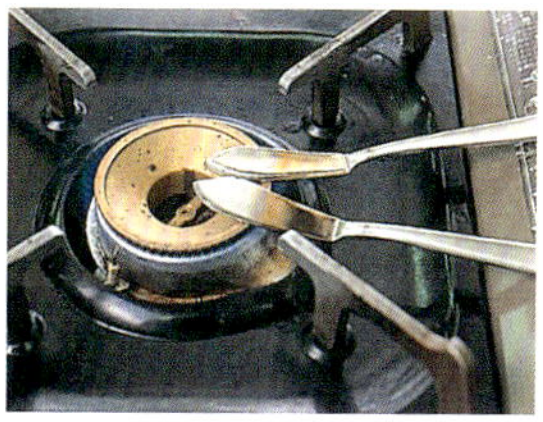

接着准备在表面烤出焦糖。把奶油刀放在瓦斯炉上加热。使用前端平坦的道具较能烤出美丽的色泽。不过，因为烤完以后道具也会跟着变色，所以最好使用旧餐具。如照片所示，只要奶油刀变色即代表已经上色。

10 撒上白砂糖用奶油刀炙烤

等到布蕾的表面温度下降、凝固，从上撒下大量的砂糖（分量外）。如果趁热撒上，砂糖会被布蕾的热度融化。接着戴上两层隔热手套，拿起烧得火热的奶油刀，放在布蕾上炙烤。等到整面出现焦色，先放凉，再撒上一层砂糖，重复相同的程序。因为希望能呈现出异于绵密布蕾的口感，所以要经过两次，产生表面酥脆的效果。另外，奶油刀加热后的温度很高，操作时一定要戴上隔热手套。当然，也可直接用喷枪制作。

薄荷布蕾佐巧克力鲜奶油

crème brûlée à la menthe et sa crème au chocolat

薄荷和巧克力。利用这两样搭配得天衣无缝的食材，完成这道清爽可口的烤布蕾。敲开表面酥脆的焦糖后，尝得到每口都带着薄荷香气的布蕾，绝佳的滋味让人欲罢不能。如果再搭配入口即化的巧克力鲜奶油，那么就更完美了。因为，这款薄荷布蕾不只让薄荷成为提味的配角，还加了切碎的薄荷叶，充满清新宜人的香味。这里用的是大家熟悉的布丁烤模，如果没有的话，改用浅一点的焗烤盘也可以，或者小陶锅也不错。不过，如果用小陶锅的话，因为容器的材质较厚，所以最好依照P85的方法隔水加热。

材料（直径3.5cm的烤模3个）

鲜奶油……………………… 80g
蛋黄………………………… 40g
牛奶（全脂）……………… 40g
砂糖………………………… 10g
薄荷（增加香味用）…………4g
薄荷（布丁液用）……………2g

准备制作的材料。鲜奶油的浓度和风味掌握了布蕾美味的关键，所以尽量选用脂肪含量42%以上的产品。牛奶也尽可能选择脂肪含量超过3.8%的高脂牛奶。薄荷用的是胡椒薄荷（Pepermint）。薄荷要先分为加入牛奶和鲜奶油调味的，还有切碎后加入布蕾的分量。另外，撒在表面以后再用喷枪烤成焦糖时，用的是三温糖。三温糖可以让焦糖的味道变得更温醇柔和。

1 把薄荷叶尽量切碎

把加入布蕾用的薄荷叶尽量切碎。先把叶子从茎拔下来，再像照片一样切成碎末。为了不影响布蕾如丝缎般光滑的口感，尽量切碎一点。

2 把薄荷碎末加入牛奶和鲜奶油中，使其浸泡入味

把牛奶和鲜奶油倒入碗中，再加入薄荷碎末。最好选择可以微波加热的容器。薄荷碎末可以连茎一起放入。用保鲜膜紧紧包住以后，放进微波炉加热约3分钟。

3 继续包着保鲜膜静置约5分钟

微波加热后，继续包着保鲜膜，静置约5分钟。好让牛奶和鲜奶油吸收薄荷的风味。这种技巧就是之前在八角磅蛋糕（p52）时介绍的Infuser。

4 打散蛋黄再加入白砂糖

把蛋黄打进另一碗内，轻轻打散，加入砂糖。如果不把蛋黄打散就加砂糖，会形成黄色颗粒。用打蛋器仔细搅拌，直到感觉不到砂糖颗粒。只要搅拌到砂糖溶解就好，不要打到起泡。

5 在浸泡完成的3中加入蛋黄

接着放上筛网，加入已经入味的牛奶和鲜奶油。迅速搅拌，让各种味道合二为一。动作太慢的话，没办法顺利搅匀。

6 用100°C的温度烤20分钟

把切好的薄荷碎末加入5中。布蕾液已经加了薄荷调味，现在又加入薄荷碎末，所以薄荷味变得更加明显。接着把布蕾液倒进烤模，七分满即可，再放进预热到100°C的烤箱烤20分钟。因为烤模很薄，所以直接用低温烤，不需要隔水加热。烤好后，用手轻按表面，如果立刻弹起就代表已经完成。

7 撒上三温糖接着制作焦糖

静置一段时间后在表面撒上三温糖。再利用奶油刀烤炙成焦糖。还没放凉就撒上三温糖的话，糖会被布蕾的热度溶解。

8

放凉后，舀上巧克力鲜奶油装饰。如果还没放凉就放，奶油会融化。一定要凉了以后再舀。最后也可以插上薄荷叶或巧克力片当作装饰。

制作巧克力鲜奶油

材料

甜味巧克力……………… 50g
鲜奶油……………………… 100g

巧克力要和鲜奶油一起搅拌，所以选择的是没有添加牛奶、可可含量为55%的甜味巧克力。先切成碎片，好加速融化。鲜奶油尽量选用脂肪含量42%以上的产品。

1 把鲜奶油打至五分发

把鲜奶油倒进碗中，用冰水冰镇的同时，打成五分发。只要打到舀起时，奶油还会缓缓往下滴就行了。因为还要和巧克力搅拌，所以打得稍微软一点刚刚好。

2 用隔水加热的方法融化巧克力

用80°C的热水隔水加热甜味巧克力。一定要拿着橡胶刮刀不停搅拌。等到巧克力融成一片平滑、温度也达到45°C，加入1的鲜奶油。

3 把鲜奶油倒进45°C的巧克力

搅拌时不要把鲜奶油的气泡压扁。巧克力的温度如果低于或高于45°C，会产生油水分离的现象，无法搅拌均匀。所以一定要用温度计确实测量巧克力的温度。

草莓慕斯

mousse aux fraises

入口才觉得满口都是草莓酸酸甜甜的滋味，但等到下一秒钟它已经在舌尖化开了。慕斯在法文中的原意是泡沫；正如其名，这道草莓慕斯的确是入口即化。制作的秘诀在于制作水果焗烤（P106）时所介绍的意式蛋白霜。意式蛋白霜和一般蛋白霜比较起来，因为气泡较不容易被压扁，所以慕斯的质地也更加柔滑绵密。只要切实掌握制作蛋白霜的技巧，剩下只需打发鲜奶油和加入草莓果泥即可。草莓的色泽和香气，让人从制作这道甜点开始，一股幸福感便油然而生。

材料（4人份）

草莓	175g
鲜奶油	175g
草莓油	25g
吉利丁片	5g
柠檬汁	1颗份
意式蛋白霜	90g
蛋白	50g
砂糖	90g
水	50g
草莓、鲜奶油（装饰用）	适量

准备材料。尽量选择蒂头四周没有发白的草莓。草莓除了甜，也要带有酸味，这样做出来的慕斯才好吃。除了制作慕斯用的草莓，也要另外准备装饰用的部分。增添风味所用的草莓酒是草莓利口酒（Creme de Fraise）。鲜奶油尽量选用脂肪含量44%以上的产品。先把柠檬榨成汁，再捞出子，放在一旁备用。

1 切掉果肉白色的部分，其余的放进果汁机打成泥

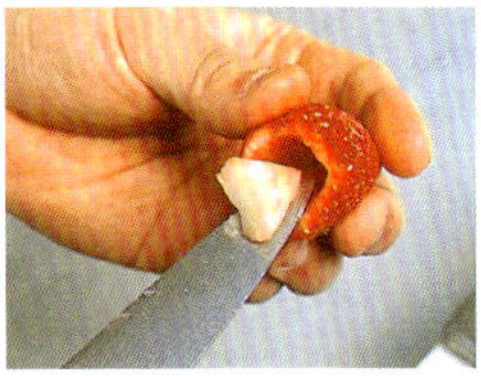

制作草莓果泥。去掉草莓的蒂头，再像照片一样，用水果刀把正中央白色的部分切成三角状挖掉。白色果肉的部分含水量高，如果也放进果汁机打成泥，会降低果汁的浓度。把其余的果肉放进果汁机打成泥。保留些果肉的颗粒也无妨。

2 用水浸泡吉利丁片5～10分钟

将吉利丁片迅速洗过，再放进可以完全使其被淹盖的水浸泡5～10分钟，泡开。等吉利丁片软化以后，捞起来仔细冲洗，除去上面的异味。最后把水分擦干。

3 鲜奶油不要打发过度

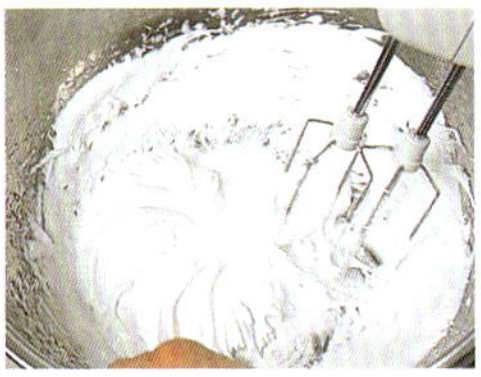

打发鲜奶油。用手持电动搅拌器，用画圈的方法缓慢打发。最理想的状态是用搅拌器舀起奶油时，前端呈现不甚明显的尖角。如果打得太硬，慕斯会失去应有的绵柔。使用手持电动搅拌器时，很容易一不小心就把鲜奶油打得太硬，变得没有水分。最好打至约五分发时，换打蛋器接手，这样就不容易失误了。

4 把119℃的糖浆加进蛋白

制作意式蛋白霜。把砂糖和水倒进锅内，迅速搅拌后，开大火加热。等到砂糖溶解、表面也开始起泡，放进温度计。待温度升到119℃以后，关火。同时把蛋白打入另一碗中，用手持电动搅拌器高速搅拌，打到微微膨胀。搅拌的时候，用少量多次的方法加入119℃的糖浆。

5 打发至泡沫出现光泽

拿着手持电动搅拌器，用画圈的方法搅拌，再分次倒入糖浆，才能搅拌均匀。持续搅拌，直到温度变得不烫。只要让鲜奶油充满光泽、平滑柔顺就可以了。这样就是意式蛋白霜了。

6 搅拌时小心不要压扁气泡

把90g的意式蛋白霜5，倒入3的鲜奶油中。用不会压扁气泡的方法轻轻搅拌。气泡的多少决定慕斯口感的好坏，所以尽量不要压扁气泡。

7 把吉利丁片溶解于1/3的果泥

用隔水加热的方法融化2的吉利丁。其实放进微波炉加热，只需 20～30秒就能完成，但考虑到吉利丁容易烧焦，最好还是能全程盯着加热的过程。再把约1/3的果泥1倒进融化的吉利丁，仔细搅拌。点火加热约10秒，等到完全搅匀后，把它倒回剩下的果泥，搅拌均匀。吉利丁的温度过低时，无法顺利搅匀，所以一定要经过这道步骤。

8

把草莓利口酒加入7中，迅速搅拌。为了怕草莓的风味流失，一定要等到这个时候再加。

9

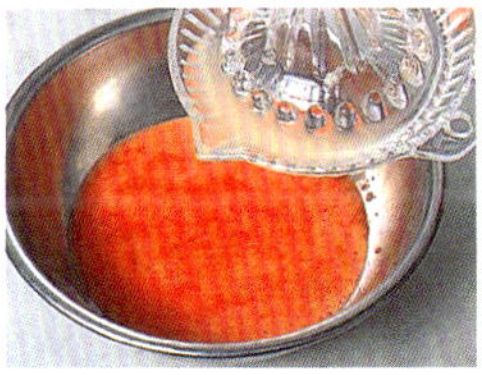

加入柠檬汁。加入前先试试果泥的味道，如果酸味不够，多加一点。加的量可以比自己预想的多一点，这样慕斯的味道才会显得鲜明，更加美味。

10 搅拌时，注意不要把气泡压扁

分次加入6的鲜奶油和蛋白霜，每次少量。轻轻搅拌，以免压扁气泡。如果一口气倒进全部的鲜奶油和蛋白霜，不但无法顺利搅匀，气泡也容易被压扁。

11

只要搅拌成照片中的样子即可。最理想的状态是看起来软滑轻柔，整体都染成很均匀的粉红色。接着倒进玻璃等容器，放进冰箱冷藏3～4小时，使其凝固。最后再依个人喜好装饰奶油和草莓。

焦糖巴巴露亚

caramel bavarois

材料（5.5cm的慕斯圈8个）

白砂糖………………… 60g
牛奶（全脂）……… 50g
鲜奶油……………… 250g
蛋黄………………… 40g
吉利丁片……………… 5g
糖煮洋梨………… 1/2个

首先准备材料。砂糖先分成焦糖用30g和蛋黄用30g。牛奶使用脂肪含量3.8%以上的高脂牛奶。鲜奶油要用脂肪含量40%～42%的产品。牛奶和鲜奶油是美味的关键，所以尽量选择品质好一点的。鲜奶油要先分成焦糖用50g和打发用200g。吉利丁片先用水稍微清洗过，再放进大量的冰水浸泡5～10分钟泡开。泡开后用水冲洗干净，去除上面的异味，再把水分拭干。糖煮洋梨的做法可依照P100的糖煮苹果，或者改用罐头水果代替也可以。不论使用哪一种，都要先切成5mm左右的小丁。

蛋黄和鲜奶油的浓郁滋味中，带了一丝恰到好处的焦糖苦味，交织成这一道美味甜点。市面上也有些巴巴露亚吃起来的口感像布丁般滑溜、有弹性；不过，作者的配方加了鲜奶油，所以质地更接近慕斯，吃起来极为容易入口。如果没有慕斯圈，也可以改用小型陶锅或焗烤盘。单吃就很美味；另外，也可以盛进碗中冷却，或者用汤匙舀进盘内，当作盘饰甜点享用。最后再淋上一层巧克力酱（P102），吃起来更加美味。

1 把牛奶和鲜奶油混合加热

把焦糖用的鲜奶油和牛奶倒入碗中。迅速搅拌以后，放进微波炉加热约2分钟。因为牛奶和鲜奶油等到步骤5要加进焦糖，所以事先加热到一样的温度，比较容易搅拌均匀。

2

把焦糖用的砂糖倒入锅内，点中火加热。砂糖容易烧焦，所以还不熟练的话，用中火即可。加热时要不时转动锅，一段时间以后，砂糖会逐渐熔化。

3 待砂糖开始变色便把锅从炉上移开

继续加热之后，糖水会开始沸腾。不时转动锅，再加热一段时间。等到砂糖开始变色，出现照片中的样子后，把锅从炉上移开。

4 摇晃锅子，用余热把砂糖煮为焦糖

接着继续摇晃锅，用余热把砂糖煮为焦糖。砂糖只要开始变色，一下子就会完全变色。一定要把锅从炉上移开，用余热让砂糖的颜色逐渐加深。如果烧焦，会有明显的苦味。

5

把步骤1加热的牛奶和鲜奶油倒进4中，迅速搅拌。再用中火加热一次，煮到沸腾。

6 加热，让焦糖与牛奶和鲜奶油融为一体

只要搅拌成像照片中的样子即可。先把牛奶和鲜奶油煮到沸腾，就比较容易和焦糖合二为一，形成统一的味道。

7 加入蛋黄加热到82℃

把蛋黄打进碗中搅散，再加入蛋黄用的砂糖，仔细搅拌。等到砂糖的颗粒感消失，颜色也稍微减淡，倒进少许的6搅拌以后，再倒回锅内。再度点中火加热，同时用打蛋器不断搅拌，直到温度升至82℃。这时，蛋的风味显得更加温醇，也更容易使吉利丁溶解于其中。

8 把锅从炉上移开，加入吉利丁

温度达到82℃后，把锅从炉上移开。超过82℃，蛋黄会开始凝固，因此要特别注意。加入吉利丁搅拌，等到完全混匀后，用细筛网过筛。因为蛋液仍残留吉利丁和蛋黄的结块，所以要过筛，增加滑顺度。

9 用冰水冰镇，温度降到30℃

用冰水冰镇，让温度降到30℃。但是温度如果下降过度，到了步骤11需要和鲜奶油搅拌时，很容易产生结块。

10 把鲜奶油打至八分发

把要打发用的鲜奶油用冰水冰镇，同时打发。打至八分发，也就是打蛋器舀起鲜奶油时，前端会出现尖角，而且不易滴落。泡沫的细滑度，决定巴巴露亚的口感。不管是打太发、还是太稀，都会影响原本应有的绵密度。

11 分3次加入鲜奶油

把10中1/3的鲜奶油加进9中，用橡胶刮刀轻轻搅拌，以免压扁气泡。搅拌的动作如果太大，得来不易的气泡就泡汤了，口感也会因此受到影响。只要搅拌到鲜奶油白色的部分消失，再分两次加入剩下的鲜奶油，全部搅拌均匀。

12

照片是奶蛋糊完成的样子。接着把2/3的奶蛋糊倒进慕斯圈，放上洋梨。再填入剩下的奶蛋糊，放进冰箱冷藏2小时。脱模，依照个人喜好放上洋梨片或淋上巧克力酱。脱模时，要利用双手的热度。

芭菲

parfait

材料（直径5.5cm的小陶皿10个）

蛋黄……………………………100g
砂糖……………………………125g
水……………………………… 50g
椰奶……………………………125g
鲜奶油…………………………250g

准备所有材料。蛋的滋味是这道甜点的最大卖点，所以尽量选用品质好又新鲜的鸡蛋。鲜奶油要使用脂肪含量42%以上的产品。通常的做法并没有添加椰奶，但为了使口感更为滑顺，这里添加了分量是鲜奶油一半的椰奶。另外可依照个人喜好准备装饰覆盆子和鲜奶油。

所谓的芭菲（Parfait），是一种质地介于慕斯与冰激凌之间的冰品。质地轻软、入口即化，却充满鸡蛋浓郁的香味，冰凉香甜的滋味绝不逊于冰激凌。这次的做法还添加了椰奶，变得更加清爽顺口。把它倒进小陶皿时，如果再加点腌渍过的莓类或樱桃等水果，在酸味的中和下，味道会变得更加爽口。说到冰激凌，如果没有专用的机器，很难做出和市售品一样的好味道。但如果是芭菲，只要家里有支打蛋器，就能成功地做出好滋味。

1 在泡沫溢出锅以前关火

把砂糖倒入锅内，开大火加热。为了避免烧焦，要以打蛋器不时搅拌，让砂糖完全融化。等到表面起泡，再持续加热片刻，直到泡沫快溢出锅再关火。

2 分次把滚烫的糖浆加入蛋黄，每次少量加入

把蛋黄打进碗中，用打蛋器轻轻打散。打散蛋黄的同时，以少量多次的方式加入的糖浆。如果不是边搅拌边加入，蛋黄很容易凝固。

3 保持80°C的温度搅拌10分钟

以隔水加热的方式加热碗2，同时用打蛋器搅拌十分钟。留在碗缘的蛋黄容易凝固，所以搅拌时要常常刮起碗缘的蛋黄。边加热边搅拌，才能提升蛋黄的风味，使味道变得温醇浓郁。不过，温度不能超过80°C，否则蛋黄会凝固。如果温度下降，记得再度点火加热，好让温度随时保持在80°C。

4 过筛，使蛋糊变得更加柔细滑顺

搅拌10分钟以后，用细滤网过筛，使蛋糊变得更加柔细滑顺。如果没有过筛，蛋的系带和蛋黄的结块仍然残留其中；一定得经过过筛，才会变得柔细滑顺。

5

用打蛋器继续搅拌已经过筛的蛋糊。照片中用打蛋器搅拌，但也可以改用电动搅拌器。像制作慕斯一样让空气适量进入，才能完成轻柔绵软的口感。

6 持续打发，直到体积膨胀为两倍

如照片所示，只要打发至蛋黄鲜黄的色泽已经减淡、体积也膨胀为原来的两倍即可。

7 把椰奶加入1/3的蛋糊

取出1/3的6，加入椰奶，搅拌均匀。因为椰奶已经完全是液状了，如果一次倒入所有的蛋糊，无法搅拌均匀。先加入少量才能搅匀。

8

把7倒回6中，将蛋黄和椰奶搅拌均匀

9 用切入的方法混入鲜奶油

用打蛋器或电动搅拌器打发鲜奶油。打至奶油的前端出现尖角、不易滴落的八分发以后，把鲜奶油加入8中。为了避免气泡被压扁，用橡胶刮刀搅拌到看不到鲜奶油白色的部分即可。

10

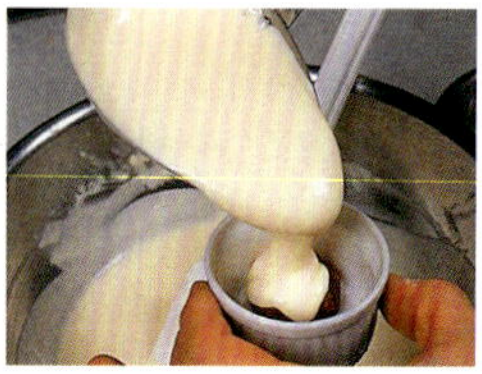

把糖渍覆盆子连汁倒进小陶皿，再缓缓将9倒入。接着放进冰箱冷藏半天就完成了。可以依照个人喜好用覆盆子和鲜奶油做装饰。

制作糖渍覆盆子

材料

- 覆盆子……………………… 50g
- 酒精……………………… 1小匙
- 糖粉……………………… 适量

准备材料。这里用的覆盆子是冷冻品。使用的酒精最好是覆盆子香甜酒。加入同样用水果酿成的酒，可以让香味更加浓郁；腌渍出来的水果也更美味。这里用的是CREME DE FRAMBOISE这种覆盆子香甜酒。因为材料不需要加热，所以使用最容易溶解的糖粉。

1

把覆盆子、香甜酒、糖粉加入碗中，迅速搅拌后，静置1天。

2

照片中的覆盆子是静置1天后的状态。覆盆子本身的香味和甜味已经释出，也渗出大量果汁。连同果汁和果肉一起使用。

热带水果冻佐椰汁慕斯

gelée au fruit de la passion, mousse au coco

热带水果酱的口味清爽，这次我们特别让作者设计出即使是一般家庭，也能运用热带水果酱制作的甜点。所以才有了这道热带水果冻佐椰奶慕斯。混合了百香果和芒果泥所做成的果冻，搭配椰汁口味的慕斯，带有几分南国的夏日风情。果冻特意冰冻起来，等到放至稍微融化的阶段，再搭配入口即化的慕斯，真是至高无上的享受。除了一般常喝的红茶或咖啡，搭配茉莉花茶享用或许也很不错。

制作热带水果酱的果冻

材料（2人份）

芒果泥……………………………60g
百香果泥…………………………20g
樱桃酒……………………………3g
砂糖………………………………14g
吉利丁片…………………………2.4g

准备所有材料。芒果和百香果泥，可以使用冷冻品。冷冻的水果泥放进碗内，要放在室温下解冻。因为水果泥是在急速下冷冻，而且已经过筛，质地变得极为细滑，所以只要解冻了就可以使用。樱桃酒是为了增加风味。

吉利丁片先放进冰水浸泡5～10分钟软化。泡软后，迅速将异味冲洗干净，再把水分拭干。

1 把白砂糖溶解于果泥

把芒果泥和百香果泥倒进碗中，仔细搅拌。接着加入砂糖，用打蛋器搅拌，使砂糖溶解于果泥。点火加热会使风味大减，所以就算不易溶解，也要在这样的状态下让砂糖完全溶解于果泥。

2 把吉利丁加入1/3的果泥中

把1/3的果泥倒入另一碗中，再加入已经泡软的吉利丁片。用隔水加热的方法，融化吉利丁片。如果所有的果泥都隔水加热，风味会大为流失。

3 用少量多次的方法倒进剩下的果泥，仔细搅拌

等到2变得略微浓稠，再用少量多次的方法倒入剩下的果泥，搅拌均匀。如果把加热过的果泥直接倒入冰冷的果泥，容易产生结块，所以不要再倒回2。只需仔细搅拌，让整体变成稠状就可以了。

4

最后加入樱桃酒，略微搅拌后，确认味道。

5

把果泥倒进布丁杯等容器，高度约5mm即可。再放进冰箱冷冻，使其凝固。

制作椰奶慕斯

材料（2人份）

椰子泥……………………………20g
鲜奶油……………………………50g
砂糖………………………………2g

准备所有材料。椰子泥要先放在室温下解冻。鲜奶油倒进椰奶以后，会变得比平常更难打发。尽量使用脂肪含量45%以上的产品。

6 把鲜奶油和果泥混在一起

把鲜奶油、椰子泥、白砂糖倒进碗中，迅速搅拌。

7

用冰水冷却碗底，同时用打蛋器或电动搅拌器中速打发。与高速比较起来，用中速打出来的慕斯口感更为细致、入口即化。

8 用电动搅拌器打到九分发

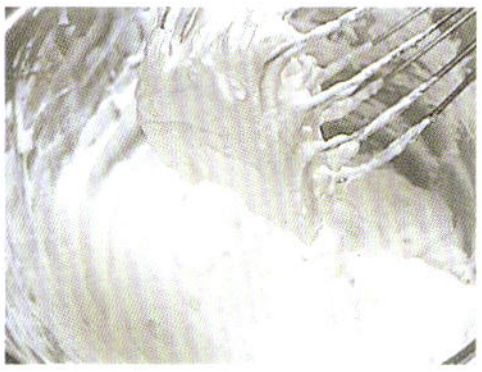

用画圈的方法转动搅拌器，像照片一样把鲜奶油打至质地稍硬的九分发。

9 先用热水烫过汤匙再舀起慕斯装盘

把慕斯装盘。首先用热水烫过餐匙，再舀起7的材料。慕斯的表面接触热水后，会变得更加滑顺。把装着冻结果冻的容器浸泡在热水内，再从容器内取出果冻。把果冻放在慕斯旁边，再撒上糖粉（分量外）。

柳橙与青苹果果冻

gelées aux oranges, gelées aux pommes

作者的果冻配方，减少了明胶的使用量，吃起来非常滑嫩。放入口中以后，只觉得一股凉意袭来，却又马上在舌尖化开。接下来要介绍只用新鲜果汁制作的柳橙果冻和青苹果果冻。其实，利用白桃或莓类水果，也能做出相当美味的果冻。不论用果汁还是果泥，除了步骤3和步骤8，其余的做法都一样。不过，用来增添风味的酒，最好使用同一种水果酿造的酒。这里的做法是将果冻液倒进玻璃杯，再放上果冻碎块做装饰；但也可以只倒进果冻液，或者把果冻全部切碎，再和水果一起装进容器。

材料（香槟杯各4个）

柳橙果冻

吉利丁片	6g
白砂糖	50g
柠檬汁	10g
柳橙	350g
香橙干邑酒	20g

青苹果果冻

吉利丁片	7g
白砂糖	50g
柠檬汁	5g
青苹果泥	150g
水	200g
苹果白兰地	15g

准备制作材料。明胶多少会有些异味，所以与其使用粉末，不如选择可以清洗的吉利丁片。尤其是只添加果汁的果冻，因为味道很细致，所以最好只用吉利丁片。至于甜味的来源，精度高、几乎不含杂质，而且甜味鲜明的砂糖是最佳选择。为了增添风味，柳橙果冻用的是香橙干邑酒。制作青苹果果冻时，要先用水稀释青苹果泥。建议使用100%的原汁浓缩而成、含有果肉的果泥。在一般烘焙材料行就可以买到冷冻果泥。至于用来稀释青苹果泥的水，尽量选用天然矿泉水。用来增添香气的苹果酒，这次用的是苹果白兰地（Calvados）。

1 **把吉利丁片放在冰水里浸泡5～10分钟**

把吉利丁片掰成几大片，再放进足以完全淹过吉利丁片的冰水泡开。记得不要掰得太小，否则接下来很难冲洗。经过5～10分钟，原来脆硬的吉利丁片便变得十分柔软。这样就代表已经泡开了。

2 **把吉利丁片放在水龙头下冲洗干净**

用滤勺捞起吉利丁片，放在水龙头下冲洗干净。这样才能完全消除明胶的异味。洗干净以后，把水沥干。

3

榨取橙汁。因为要用100%的原汁制作，所以需要350g的果肉。大约是4～5个的分量。另外还要加点柠檬汁。

青苹果的话，先把果泥解冻再放进碗中，再加入矿泉水和柠檬汁。最后用打蛋器等道具搅拌均匀。

4

滤过果汁，除去种子和薄皮，使口感变得更滑顺。再把果汁分为两半。为了溶化吉利丁片，果汁必须加热；但如果全部加热，风味尽失，所以加热一半就好。

5 **加热一半的果汁**

把一半的果汁和白砂糖倒入锅内，点火加热。用打蛋器仔细搅拌，好让砂糖充分溶解。砂糖很容易烧焦，如果还不习惯，点中火就好了。甜度会因柳橙的状况出现差异，如果觉得不够甜，在这个时候加入砂糖调整。冷却会使人比较感觉不出甜味，所以这时尝起来的味道最好是觉得有点太甜。等到砂糖完全溶解，颗粒感消失即可关火。觉得酸味不够的话，可以加点柠檬汁补强。

6 **关火加入吉利丁片**

加入2的吉利丁片，用打蛋器搅拌，直到完全溶解。必须达到50℃才能融化吉利丁片，但如果温度过高，会降低吉利丁片的凝固力。所以一定要先关火，再加入吉利丁片。

7 **混入加了吉利丁片的果汁**

将6再度过筛后，加入剩下的果汁。让加了吉利丁片的果汁和剩下的果汁均匀地融为一体。

8 **最后加点香橙干邑酒增添风味**

最后加入香橙干邑酒迅速搅拌，以增添风味。为了不使风味流失，一定要最后加。如果是青苹果果冻，就加苹果白兰地。

9

把果冻液倒进玻璃杯，用保鲜膜盖好，放进冰箱冷藏约2小时。如果放进冷冻库，会失去应有的柔滑，记得只能冷藏。为了步骤11装饰时所需，留点果冻液放在碗内。装饰用的果冻液也要放进冰箱冷藏，使其凝固。

10

用水果刀将碗中凝固的果冻切碎。用斜切的方法划下切痕，再从另一边同样划下切痕，成十字交叉状。再用汤匙把果冻捣碎。

11

把捣碎的果冻倒在已经在玻璃杯内凝固成形的果冻上。再放上柳橙和薄荷叶做装饰。

保留了完整酒香的果冻，尝起来甜分适中，可说是大人专属的甜点。这里不用明胶当作凝固剂，而是改用果胶，所以口感更为滑溜软嫩。直接把果冻液倒进玻璃杯，再冷却凝固也行；或者按照右页介绍的香槟果冻的方法，先把果冻切碎再装入容器也可以。与其做了很多花哨的装饰，单纯只品尝果冻其实最为美味。如果一次吃不完，也可以将剩下的果冻搭配糖煮水果（P100）一起享用。

红酒和白酒冻

gelée au vin

材料（玻璃杯各2个）

红酒冻

红酒……………………124g
水……………………144g
砂糖……………………42g
柠檬汁…………1/2大匙
果胶……………………1.6g

白酒冻

白酒……………………140g
水……………………162g
砂糖……………………47.4g
柠檬汁…………1/2大匙
果胶……………………1.8g

准备制作材料。尽量选用开瓶不久的红酒制作。重点是以果冻的形态品尝红酒的风味，所以最好选择平常自己喝惯的品牌。水要用矿泉水。此外，这里用果胶当作凝固剂，而非一般的明胶。果胶是水果或植物的萃取物。和明胶相比，口感更为滑溜软嫩。

1 把砂糖和果胶混在一起

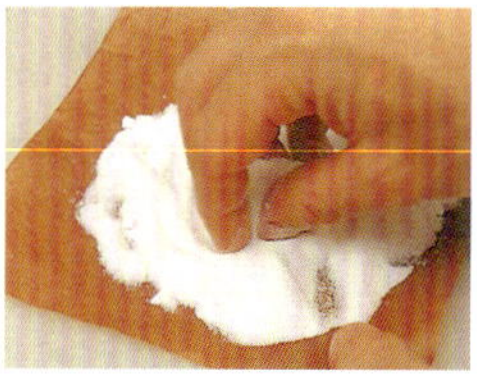

用手把砂糖和果胶混在一起。如果没有混匀，果胶会无法顺利溶解。为了避免影响到口感，一定要事先搅拌均匀。

2 用水稀释红酒再把1倒进去

用水稀释红酒。否则味道会显得过于厚重。用水稀释后不但凉意倍增，口感更好。稀释后，倒进1的砂糖和果胶，仔细搅拌。此时，就算没有完全溶解也无所谓。白酒同样用水稀释。

3 加点柠檬汁帮助果冻凝固

加入柠檬汁搅拌。加点柠檬汁除了增添风味，也有帮助果冻凝固的效果。光靠果胶无法凝固，一定要与酸反应后才能凝固成形。

4 加热到85℃，不要使其沸腾

点火，边加热边搅拌，直到温度上升到85℃。若没有搅拌均匀，红酒汁会烧焦。等到蒸汽冒出、周围出现气泡，差不多就85℃了。接着把锅从炉上移开。如果煮到沸腾会无法凝固，必须特别小心。

5 捞出浮沫后冷却使其凝固

捞出表面的浮沫后，倒进玻璃杯等容器。静置一段时间，等到不烫了，再放进冰箱冷藏凝固。

材料（玻璃杯2个）

香槟（果冻用）……………200g
砂糖……………………… 40g
吉利丁片……………………4g
石榴……………………… 1/2个
香槟…………………………适量

准备所有材料。制作果冻用的香槟建议使用发泡性强的种类。除了制作果冻所需，也要预留一些倒在果冻上。用来装饰的石榴可用可不用。

1 用冰水把吉利丁片泡软

准备可以完全淹过吉利丁片的冰水，再把吉利丁片放进去。经过5～10分钟，吉利丁片会变得很柔软。从冰水取出后迅速用清水冲掉上面的异味，再把水分拭干。

2 加入白砂糖搅拌

把砂糖倒入碗中，再慢慢注入香槟。如照片所示，注入的瞬间会产生气泡。持续搅拌，直到砂糖的颗粒感消失。

3 把1/5香槟倒入吉利丁中

把1的吉利丁片倒入另一碗中，用隔水加热的方法使其融化。再把2的1/5香槟倒进去，再度隔水加热，让整体变得均匀。

4 加入香槟冷却使其凝固

把剩下的香槟加入3中，持续搅拌，直到质地稍微变得浓稠。如果全部的香槟都隔水加热，风味将大为流失，让放在碗中的香槟静置一段时间，凉后再放进冰箱冷藏，使其凝固。

5

凝固以后，用水果刀纵切与横切。捣成碎状后，倒进香槟杯里。

6

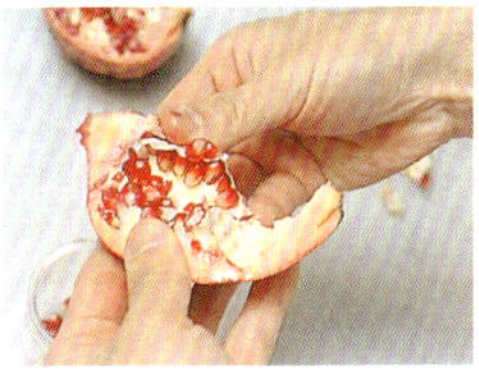

切开石榴，取出里面的果实撒在果冻上。最后再慢慢倒进香槟。

香槟果冻

gelée au champagne

这道甜点最大的特色是最后还要在香槟果冻上倒入香槟。一旦做成果冻，香槟的气泡很容易在制作过程中流失，所以必须靠后来倒进去的香槟，维持充满气泡的口感。因此，在品尝时，可以享受到充满气泡的香槟，伴随着柔软的果冻入口的甜蜜快感，实在非常过瘾。当然，果冻停留在舌尖上的柔软触感，是饮啜香槟时无法感受到的。或许当作餐前酒饮用是个不错的选择。

糖煮水果佐雪泥

compote et granitée

材料（4人份）

苹果……………………………1颗
水……………………………500g
砂糖…………………………250g
肉桂棒…………………………1条
香草荚………………………1/2条
柳橙皮………………………适量
苹果白兰地…………………1大匙

准备材料。依照季节，选择当季的苹果。红玉等带有一定酸味的品种，做出来比较好吃。使用白砂糖当作甜味来源的话，冷却后，会产生很鲜明的甜味。加点柳橙皮，是为了提升风味。使用前要将表面清洗干净，并削掉少部分，但不要搓洗过度，以免风味流失。柳橙皮的白色部分带有苦味，所以只使用橘色部分。肉桂要使用肉桂棒，而非肉桂粉。苹果白兰地是用苹果酿造而成的酒。用来提味的酒，最好使用和糖煮水果一样的种类。

1 把整条香草荚放入锅内

首先制作糖煮水果。把水、砂糖、香草荚、肉桂棒和柳橙皮放入锅内，开大火加热。因为是长时间熬煮，即使直接放入完整的香草荚，香味也足够。而且，黑色的香草子仍保留在豆荚内，所以不会影响到苹果的色泽。

2

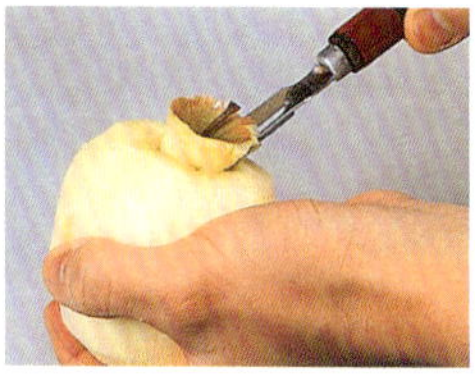

利用熬煮糖浆的空当切苹果。如照片所示，苹果削皮后，用水果刀挖出果蒂和底部。用水果刀处理比较方便。

3 把苹果切瓣去核

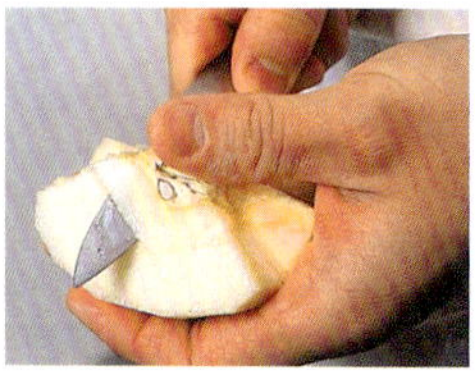

先把苹果分为4等份，再去核切成小块。虽然也可把整颗苹果放进去熬煮，但熬煮时间更长。

4

等到1的糖浆沸腾后，加入3的苹果，转为小火。

水果经糖浆熬煮以后，水果本身当然不在话下，连糖浆也是丝毫不能浪费的美味。煮过以后，除了水果的酸味和甜味，糖浆也吸收了香辛料和酒精的风味，所以变得风味绝佳。这次的做法是将糖浆制成雪泥，但如果用等量的白酒或香槟稀释，就摇身一变为专属的酒精饮料。或者在香槟里加入少许，喝起来更为顺口。至于添加在糖煮水果的酒精，如果是苹果就加苹果白兰地；洋梨就用西洋梨香甜酒（Poire William）。总之，使用种类和水果相同的酒，可以带来更突出的滋味。

5 盖上内锅盖，用小火煮40分钟

盖上内锅盖，用小火持续煮40分钟。因为苹果会浮起来，所以要加上内锅盖，好让表面不会干掉。而且，盖上锅盖后，水分变得不易蒸发，即使经长时间熬煮，糖浆也不会翻腾得太过激烈。可用烘焙纸当作内锅盖，但要裁切成大小和锅差不多的正方形。把正方形的4个角摺起来，变成圆形后就可以放入锅内使用，但中央要先割开。

6 只要竹签能顺利插入，代表已经煮熟

熬煮约40分钟，用竹签刺进苹果，如果马上就能插入，代表已经煮熟即可关火。不论要煮得稍微保有硬度，或者软到糖浆渗出，都可依照个人喜好决定。

7 最后加入苹果白兰地提味

最后加入苹果白兰地，迅速搅拌。加入少许酒精，风味更佳。不过，加热会使味道流失，所以一定要等到这个时候再加。分量大约是1大匙。

8 把一半的糖浆放进冷冻库冰冻

接着制作雪泥。把一半的糖浆倒进碗里或容器，再放进冰箱冷冻一天。剩下的苹果仍浸泡在糖浆里，放凉后，放进冰箱冷藏。

9

糖浆冷冻后的状态如照片所示。从容器取出后，为了方便放进调理机打成泥，先切成几大块。如果不容易从容器中取出，可以先稍微隔水加热。

10

把解冻的糖浆放入调理机打碎

把9放进调理机；如照片所示，打成奶昔状的碎冰。如果打得太细，质地会变得过稠。接着把糖浆和糖煮苹果放入容器，上面再盛入雪泥。也可以把糖煮水果切成小块，再混入雪泥。

冰激凌拼盘

assortiment de glaces

只要有酱汁，即使是市售的普通冰激凌，也能媲美花式冰激凌。除了出现概率最高的香草冰激凌或慕斯，以巧克力酱搭配使用洋梨或香蕉的点心也很对味。洋梨酱常拿来搭配香草口味的点心；但除此之外，它和巧克力口味的甜点也是绝配。如果用洋梨取代糖煮苹果，也可以制作成苹果酱汁。不过，用来增添风味的酒精，最好能选用和水果同种类的酒。例如：洋梨就用洋梨香甜酒；苹果就用苹果白兰地。做好的酱汁如果拿来装饰酥皮卷（P78）或剩下的派皮，就是一道豪华的甜点了。

制作洋梨酱汁

材料（5人份）

糖煮洋梨	80g
洋梨酒	5g
镜面果胶	20g

准备制作材料。依照P100的方法制作糖煮水果备用，或者直接购买成品。这次用的糖煮水果是洋梨，所以用的酒是洋梨香甜酒。所谓的镜面果胶，质地近似稀释过的果酱，可以用来增添点心的光泽，也有防止表面干燥的功能。还能替酱汁带来恰到好处的浓稠度。另外，还要准备市售的冰激凌。

1

把西洋梨对半切开，取出中间的核。周围较硬的部分（照片），用刀尖切除。如果留下硬的部分，酱汁的口感也会受到影响。

2 用食物调理机把洋梨打成果泥

把洋梨放进食物调理机打碎。只要没有块状残留，整体都变成稠状就可以了。

3 加入镜面果胶再度开启食物调理机

加入镜面果胶搅拌，再度打开食物调理机，让质地变得更为浓稠。只要让镜面果胶均匀混入就行了。

4 最后添加酒精以增加风味

最后倒入增加风味的酒精，迅速搅拌。为了不让酒精的香味挥发，一定要在即将完成前再放入。

5

只要形成照片中的样子即可。滑顺又略带稠度的状态是最理想的。

制作巧克力酱

材料（5人份）

可可膏（巧克力）	5g
可可粉（无糖）	22g
鲜奶油	45g
水饴	10g
砂糖	45g
水	67g

准备制作材料。巧克力用的是没有添加砂糖与牛奶的可可膏。成块的可可膏要先切碎。如果没有可可膏，改用苦甜巧克力也可以。添加巧克力的目的是增加风味，而非当作甜味来源。可可粉也要选择无糖的种类。除了巧克力，另外添加可可粉的话，不但色泽变得更加诱人，味道也显得更浓郁。鲜奶油要用脂肪含量约42%的种类。水饴能增加适当的浓稠度。

1 把水和鲜奶油等煮到沸腾

把水、鲜奶油、砂糖倒入锅内，迅速搅拌后，用大火加热。加热时用打蛋器不时搅拌，让砂糖完全溶解。沸腾后，把锅从火炉上移开。

2 从炉上移开后加入可可膏和可可粉

加入可可膏和可可粉，迅速搅拌以后，再度点火加热。可可膏容易烧焦，必须先从炉上移开再加热。

3 加入水饴煮到沸腾

加入水饴。为了避免烧焦，加热时拿着打蛋器不时搅拌。等到可可膏和可可粉完全溶化、沸腾，关火。

4 过筛，让质地变得更加细致滑顺

这时，锅内仍残有结块的可可粉，所以要用细滤网过筛，让质地变得更加细致滑顺。最理想的状态是像照片一样，看起来充满光泽，又略带浓稠。冷却后，会变得再稠一点。

5

放凉后，像照片一样，用保鲜膜紧贴住酱汁表面的方法包起来。因为表面容易干掉，如果不马上使用，一定要用这样的方法保存起来。

装饰

1

用茶匙舀起约1/3的酱汁。把茶匙放在距离盘缘稍微往内之处，把酱汁拉开来。如照片所示，酱汁的分布有些浓稠。

2 以画圈的方法将酱汁拉开来

渐渐加快移动茶匙的速度，用画圈的方法拉开酱汁。最好把茶匙置于盘上，再一鼓作气地完成。这样拉花的效果比较漂亮。如果让两种酱汁在盘中呈现交错的模样，看起来也很美丽。

3

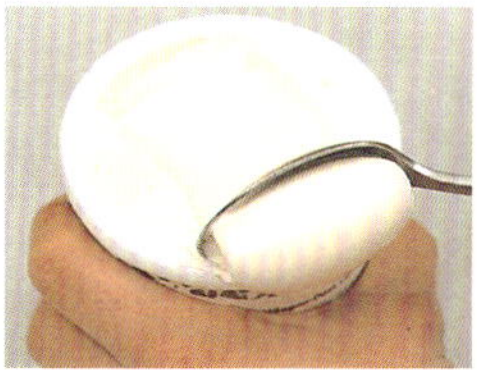

舀出冰激凌装盘。从冰箱取出后略微回温。茶匙先用热水烫过，再用卷起的方法舀出冰激凌。用热水烫过茶匙，可以让冰激凌被舀起时，表面显得更平滑。准备另一支茶匙，用两支汤匙夹住冰激凌，把形状压成椭圆形后，再盛入盘子中央。

火烧香蕉

bananes flambées

所谓火烧（Flamber），就是将酒倒入锅内加热，让酒精单独被蒸发，只留下香味的甜点。看到锅内火舌飞窜的样子，一开始难免叫人胆战心惊，但是还是请大家可以从少分量开始挑战。材料准备起来并不复杂，甚至可以说很简单。这次火烧的对象是香蕉，不过，即使改用苹果或洋梨，方法都一样。香蕉切得稍微厚一点，保留些微的嚼感比较好吃。也可以放上冰激凌，再一起淋上巧克力酱（P102）。

材料（2人份）

蜂蜜	50g
朗姆酒	15g
香蕉	4个
无盐奶油	20g
冰激凌	适量

准备材料。制作火烧类的甜点时，奶油一定要用发酵奶油。火烧香蕉所用的酒，最适合选用朗姆酒。香蕉总共用了4个；3根是火烧用，1根是装饰用。另外还要准备少许撒在香蕉上的砂糖。冰激凌可以直接购买市售的现成品，或者用自己做的芭菲（P92）。

1

加工装饰用的香蕉。把香蕉纵切成3mm厚的薄片。尽量切薄一点，再烤得酥酥脆脆，和火烧香蕉以后的口感截然不同，等于得到双重享受。在香蕉薄片上撒满糖粉。糖粉如果只集中在某个位置，会改变吃起来的口感，所以一定要撒得很均匀。放进预热至125℃的烤箱，烤30分钟左右。

2 把香蕉切成厚片

利用这段时间火烧香蕉。首先把香蕉切成1cm高的厚片。切得厚一点才能享受香蕉的口感，看起来也好看。切得太薄很容易被压扁，成品会显得糊糊烂烂。

3 奶油融化以后加入蜂蜜

把无盐奶油放进平底锅，用大火加热。握住锅柄晃动锅，好让奶油顺利融化。等到奶油融化，加入蜂蜜。只要让蜂蜜变成茶色，转为焦糖状就可以了。

4 把香蕉裹上焦糖

把香蕉放入锅内，让表面裹上焦糖；等到变成照片中的样子后，翻面再煎。如果一直放在锅内加热容易烧焦，所以不时要将香蕉拿出来，再放回去。

5

只要两面出现像照片中的色泽即可。只要使其变软，煎出来的香蕉就可以维持完整的形状，而且里面已完全熟透。这时如果煎到完全变软，香蕉会失去口感。

6 加入朗姆酒燃烧，火烧香蕉

加入朗姆酒燃烧，火烧香蕉。还不熟练的话，先关上火加入朗姆酒。再打开炉火，让火进入平底锅，火烧的目的是让酒精蒸发，只留下朗姆酒的香味。

7

约30分钟后，如照片所示，只要整体变成咖啡色就可以了。把热腾腾的烤香蕉装入盘内，再盛上冰淇淋，最后以烤香蕉片作装饰。这里用的冰淇淋是口味清爽的椰汁口味，也可以改用香草冰淇淋。

火烧洋梨

可以把火烧的技巧应用在各种水果中

除了香蕉，苹果和洋梨也很适合火烧这种烹调方法。不论使用哪种水果，一样都切成大块，再加入同种类的水果酒烧炙。如上图所示的火烧洋梨，去核后，切成较大的块。接着和香蕉一样，裹上焦糖，再倒入洋梨香甜酒烧炙。完成后装盘，舀上冰激凌，周围再撒上杏仁糖（裹上糖衣的杏仁）装饰。改用苹果制作的话，同样如法炮制。先切成大块，再倒进苹果白兰地烧炙。

焗烤水果

gratin de fruits

虽然名称里有焗烤两字，不过这道甜点并不是热腾腾的，应该比较接近充满各式水果的鲜奶油烤布蕾。一送进口中，立刻溶于舌尖的好滋味让人一尝便很难忘。这种入口即化的口感，来自意式蛋白霜。制作的难度稍显困难。如果可行的话，最好两个人共同完成。加入焗烤的水果，如果选用莓类等带有酸味的，刚好和鲜奶油的甜蜜、焦糖的微苦形成三位一体，好吃的程度不言而喻。既然准备了水果，不妨连水果甜汤也一并制作。先放进冰箱冷却再拿出来享用，真是清凉又消暑。

材料（5人份）

蛋白……… 50g（1又1/2个）
砂糖………………………… 75g
水…………………………… 50g
卡士达酱……………… 200g
奇异果、覆盆子、香蕉、草莓、蓝莓、苹果、柳橙、无花果……………………… 适量

准备制作材料。卡士达酱虽然可依照P38的方法制作，但是要把砂糖的分量减至一半。不要做得太甜，反而应突显水果本身的甜味。使用的水果不仅限于本书列举的种类，只要是自己喜欢的水果都可以。不过，建议一定要放带有酸味的莓类水果。蓝莓、覆盆子都可以。草莓对半切成两块、香蕉切成薄片，其他的切成约1cm的小丁备用。

制作意式蛋白霜

1 把白砂糖、水倒入锅内，开大火加热

把砂糖、水倒进锅内，开大火加热。加热时要不时地搅拌，以免砂糖烧焦。

2 用电动搅拌器低速打发蛋白

利用加热1的时间打发蛋白。把蛋白打入碗中，用电动搅拌器低速打发。这样才能打出质地绵密的蛋白霜。如照片所示，只要打到整体发白，大约六分发即可。

3

把119℃的糖浆加入蛋白

观察1的锅，沸腾后，用温度计测量温度。达到119℃以后，用电动搅拌器搅拌，同时把糖浆加入2的蛋白。倒入的时候要一鼓作气。119℃大约是糖浆开始发稠，转为膏状的温度。达到这个温度后，气泡较不易消失。

4

把蛋白打发到前端出现尖角的八分发

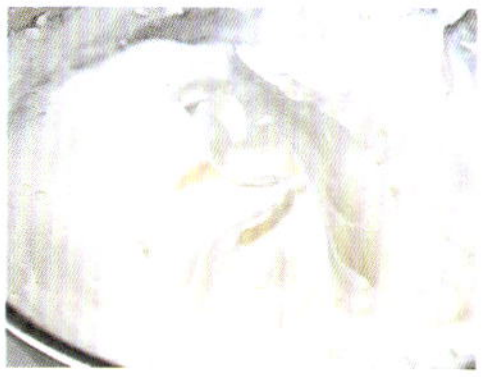

继续打发，直到前端出现尖角，也就是八分发。虽然熬煮糖浆的同时，还要打发蛋白很辛苦，但同步进行可以避免气泡消失；如果想成功制作出光滑细致的蛋白霜，这点就是关键。

制作焗烤

5

分两次加入蛋白霜，每次各一半

卡士达酱也会出现表面干燥的情形，所以要先仔细搅拌。接着把4的一半意式蛋白霜加入卡士达酱，迅速搅拌。大致混匀后，再加入剩下一半。接下来用橡胶刮刀仔细搅拌，小心不要把气泡压扁。只要搅拌到蛋白霜白色的部分消失，整体均匀一致就可以了。

6

加入切成小块的水果，迅速搅拌。放入水果后，如果过度搅拌，会破坏水果完整的形状和颜色。只需轻轻搅拌，让水果均匀散于各处。

7

撒上白砂糖制作焦糖

舀起1茶匙半的6盛于盘内，上面均匀地撒满砂糖（分量外）。打开喷枪，用火焰稍微接触表面的距离，将表面的砂糖烤成焦糖。如果没有喷枪，也可以改用旧的奶油刀把表面烤出焦色的方法（P85）。焦脆的表面和内部柔软的鲜奶油形成了强烈对比，可以同时享受到双重口感；略带苦意的焦糖也有画龙点睛之效，让整体的滋味显得更有层次。

水果甜汤

soupe de fruits

材料（5人份）

白砂糖……100g
水……100ml
气泡酒……280ml
柠檬（取汁）……1/2个
苹果、草莓、柳橙、芒果、奇异果、香蕉、蓝莓、覆盆子……适量
薄荷叶……适量

准备制作材料。也可以用香槟代替气泡酒，味道更加鲜明。水果只要是喜欢的种类都可以放。不过，强烈建议一定要放柳橙等柑橘类水果和香蕉。香蕉能增添恰到好处的甜味。另外，再加点嚼感清脆的苹果等，口感更加丰富。最后再加点柠檬汁，有提升味道之效。

1

把砂糖和水倒入锅内煮沸

把水和砂糖倒入锅内，开大火加热。加热时要不停地搅拌，等到砂糖完全溶解、沸腾，关火。

2

在锅内倒进冰凉的气泡酒

等到锅内的糖水完全冷却，倒入气泡酒。如果在锅内仍热时就倒入气泡酒，会使酒精的风味尽失。一定要先放凉再加入。

3

加入柠檬汁和水果迅速搅拌

加入柠檬汁，再放入洗好的水果切块，迅速搅拌。预先搅拌，可以让各种水果的滋味释放在糖浆里，变得更加美味。接着放进冰箱冷藏。最后再撒上几片薄荷叶装饰。

法式卷饼

crêpe

只要吃上一口照片中的法式卷饼，想必很多人以后再吃到其他法式卷饼，都觉得索然无味。以作者的配方所制作的成品，充满了奶油与香草的香气；饼皮尝起来则是柔软多汁，可以说是地道的法式做法。至于用来制作卷饼的平底锅，如果用铁锅，虽然煎出来的效果比较香脆，但没有让油脂完全渗入锅内的话，饼皮很容易黏锅。还不熟练的话，不妨改用不粘锅或电磁炉制作，比较不会失败。只要在煎好的饼皮抹点奶油和撒上糖粉，就已是人间美味；如果再搭配覆盆子果酱（P9）或鲜奶油，那就更加享受了。

材料（饼皮12张）

全蛋……………………170g
砂糖…………………… 70g
低筋面粉……………140g
牛奶（全脂）………480g
无盐奶油…………… 60g
香草荚…………… 1/2条

准备制作材料。低筋面粉过筛2～3次，以避免结块。牛奶是决定味道好坏的关键，所以尽量选择成分没有调整的全脂牛奶，脂肪含量3.8%～4.0%。如果没有香草荚，改用香草精也可以。除此之外，如果用铁锅制作，要先用少许色拉油热锅。用不粘锅就不必了。用来放置煎好的饼皮的烘焙纸，要先配合平底锅的尺寸，裁成适当的大小。煎好的饼皮一共有12张。

1 把香草荚放入无盐奶油

保留部分尾端不切，接着把整条香草荚纵切开来。用刀尖刮下香草子，加入放了无盐奶油的碗中。豆荚本身的香气也十分浓郁，所以也要一起放进去。

2

用打蛋器轻轻地将全蛋打散，再加入白砂糖。如果不把蛋黄打散再加入砂糖，会产生黄色结块。

3 迅速搅拌白砂糖与蛋黄

加入白砂糖后，尽快搅拌。如果没有立刻搅拌，很容易产生黄色结块。用打蛋器仔细搅拌，连底部也切实搅匀。直到白砂糖的颗粒感消失。

4 加入低筋面粉后不要过度搅拌

加入事前过筛的低筋面粉，用打蛋器搅拌。如果太过用力，会使面粉产生黏性，就煎不出漂亮的饼皮。切记不可搅拌过度。

5 搅拌到面粉白色的颗粒消失

如照片所示，只要搅拌到面粉白色的颗粒消失即可。有时即使看似搅拌均匀，其实仍有结块残留。一定要从底部舀起面糊，反复确认有无面粉白色的颗粒残留。

6 加入融化的奶油

把加入无盐奶油和香草荚的碗1，放入微波炉加热2分钟。待奶油完全融成液状，用工具戳弄香草荚，使其释放香味。再将香草荚取出。接着把融化的奶油倒入面团5，仔细搅拌到看不出黄色的奶油。

7 加入温牛奶

把牛奶加热到约28℃后，倒入碗6，缓缓搅拌，直到整体变得均匀一致。如果直接把冰牛奶加进锅内，有时会造成奶油凝结。不过，如果不小心加热成热牛奶，把面糊放进平底锅煎的时候，有时会无法让面糊顺利延展开来。

8 把面糊放进冰箱冷藏半天，使其发酵

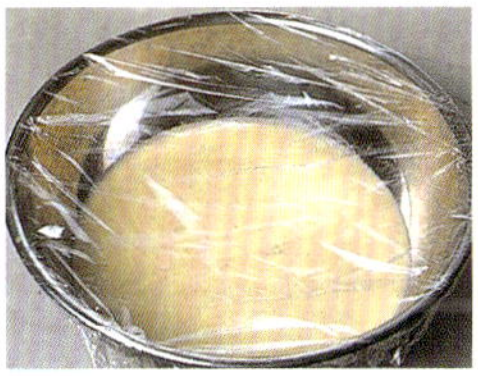

用保鲜膜包好后，放进冰箱冷藏半天，使面糊发酵。让面糊的味道均匀一致，才能煎出好吃的饼皮。

9 等到边缘变硬，翻起饼皮确认煎出来的色泽

从冰箱取出面糊，再度迅速搅拌。用大火加热铁制平底锅，等到烫了再倒入色拉油，只要覆盖整个锅面即可。因为面糊本身已加了奶油，所以只需倒入少量油即可。油温热了以后，先关火。再把面糊倒入，摊平。用中小火加热，等到边缘变硬，用牙签掀开饼皮。

10 煎到微微上色后翻面再煎

用手掀开饼皮，确认煎出来的色泽。只要煎到微微上色的程度，翻面继续煎，直到另一面也上色。因为同时要品尝到外脆内软的双重口感，所以不能煎太久。煎好后，一片片堆在烘焙纸上，放凉。为了不让饼皮互相沾黏，每一片饼皮之间要隔张烘焙纸。

甘薯泥

sweet potato

材料（直径4cm的杯子10个）

甘薯……………………………400g
无盐奶油……………………80g
盐……………………………1撮
蛋黄…………………………30g
蜂蜜…………………………20g
砂糖…………………………50g
朗姆酒………………………6g

准备制作材料。如照片所示，准备400g已经蒸熟的去皮甘薯。虽然法国进口的艾许奶油价格昂贵，但是其有浓郁的香味。如果没有，使用一般奶油可以。奶油要先放在室温下回温软化。另外准备涂抹用的蛋液。

仿照甘薯的形状做成细长形的甜薯泥很常见，但作者的做法是先挤在小杯子里再烤。这么一来，明明不属于法式点心的甘薯泥，看起来却有几分法式点心的风格。而且，作者的配方里，还加了艾许奶油 （Echire Butter）、蜂蜜，另外还以朗姆酒提味，所以滋味就像法式点心般甜美丰富。而且制作的步骤并不复杂，首先把甘薯磨成泥，再混入奶油和蛋黄就可以了。现烤出来的甘薯泥，热腾腾的最好吃；如果放凉了，请先微波加热后再享用。

1 把蒸熟的甘薯捣成泥状

把带皮的甘薯放入锅中蒸熟，或者用锡箔纸包起，放进预热到150℃的烤箱烤约1小时，并略微翻动，使甘薯均匀受热。只要竹签能顺利插入，代表已经完成。剥皮后，把松软的甘薯轻捣成泥。

2 把蜂蜜和砂糖加入奶油

把无盐奶油放进碗中，捣成膏状。接着加入盐、砂糖、蜂蜜，仔细搅拌。少许的盐，就能提出好滋味。另外，加入蜂蜜，可以让口感更显湿润。

3 分3次加入蛋黄

分3次加入蛋黄，搅拌均匀。只要外观均匀平整，没有分离的情形就可以了。

4 最后倒入朗姆酒增添风味

加入增添风味的朗姆酒。为了不让酒精的风味蒸发，等到最后再加。甘薯和朗姆酒非常对味。

5 用打蛋器敲打甘薯并压成泥

用打蛋器等道具敲打甘薯，再压成泥。一定要压碎到某种程度，否则用挤花袋挤不出来；但还是略微保留甘薯颗粒，才能品尝其松软的美味口感。

6 把4加入5中，搅拌均匀

把4加入5中，搅拌均匀。只要混匀就好了。搅拌过度会破坏甘薯原有的松软口感。

7

甘薯泥搅拌完成的样子如照片所示。最理想的状态是仍保有少许的结块。

8

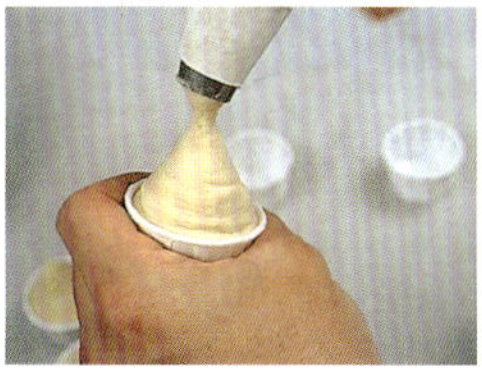

把7装入挤花袋，用挤花嘴挤出。方法和挤出鲜奶油一样，用绕圈的方法转动挤花袋，收尾时前端留下尖角。

9 抹上蛋黄液 用170℃烤25分钟

在表面抹上蛋黄，以增添烤出来的光泽。接着放进预热至170℃的烤箱烤25分钟。

蔬菜咸派

quiche aux légumes

所谓的咸派（Quiche），就是把培根和奶酪等馅料填装进派皮，和阿帕雷（奶油酱）一起烤成的咸味派饼。最早源起于法国的洛林地区。最常见的咸派被称为洛林咸派（Quiche Lorraine）。做法是先将洋葱和培根一起拌炒，再把炒好的洋葱培根和奶酪填入派皮烘焙。这里不放奶酪，改放大量的蔬菜，做成能品尝到蔬菜清甜的咸派，吃起来非常清爽。当然，喜欢奶酪的人，也可以加入奶酪。如果制作了叶子派（P48），不妨利用压模后剩下的派皮做做看。

材料（直径12cm的圆形模1个）

全蛋……………………125g
酸奶油…………………45g
肉豆蔻…………………少许
百果香…………………少许
牛奶（全脂）…………60g
鲜奶油…………………60g
派皮……………………1个

准备阿帕雷（奶油酱）的材料。肉豆蔻和百果香用粉末即可。在阿帕雷里加点酸奶油，除了增加隐约的酸味，也可以让味道变得更加浓郁可口。派皮用的是叶子派（P48）的面皮。用叶子形的模型把面皮压出叶子形后，把剩下的面皮收集起来放进冰箱。等面皮变得紧实，擀成3mm厚。按照奶酪挞（P36）的要领，把面皮放进烤模，再填入小石子。接着放进预热至170℃的烤箱烤30分钟。

培根……………………4片
芝麻菜…………………2枝
芦笋……………………8根
红椒和黄椒……………少许

准备放进咸派里面的配料。虽然是蔬菜口味的咸派，如果只有蔬菜，味道稍显不足。培根除了增添风味，也是咸味的来源。如果不用芝麻菜，可以改用汆烫过的菠菜。为了增加视觉上的变化，使用了黄红两种甜椒，如果只用其中任何一种也可以。另外，也很适合再加几颗小番茄。

1 把培根炒得酥脆喷香

把整片培根放入平底锅，待表面稍微变脆、上色，就从锅中取出，把油沥干。稍微炒过，可以释出培根的香味和风味。

2 汆烫芝麻菜和芦笋

把芝麻菜粗切成两把。芦笋也先切成两半，只留下前端柔软的部分。各自放入加了一撮盐的滚水汆烫至熟。

3 将全蛋打散再加入酸奶油

制作阿帕雷。把全蛋打进碗中，完全打散。接着加入酸奶油，搅拌均匀。

4 加入香料以增添风味

加入增添风味的百果香和肉豆蔻，再倒入鲜奶油和牛奶。

5 把阿帕雷静置30分钟

把香料、牛奶、鲜奶油和全蛋仔细搅拌以后，就是阿帕雷了。完成后要静置30分钟，让所有的材料融为一体。

6 倒入阿帕雷七分满即可

把阿帕雷倒进单独烤好的派皮，七分满即可。等会还要加入配料，如果装得太满，可能会溢出来。

7 填入大量的培根

放入培根。即使觉得书上注明的分量有点多，也请如数放入，不必担心。培根本身的盐分会略为溶出，所以就算阿帕雷没有加盐调味，吃起来也会咸淡适中。

8 加入蔬菜，放进160℃的烤箱烤30分钟

放入蔬菜。把汆烫好的芝麻菜半浸在阿帕雷中，再放上芦笋。这样的摆放是为了避免食材硬掉。放进预热到160℃的烤箱烤30分钟。

9 过20分钟后取出，铺上彩椒

经过20分钟以后，把烤到一半的咸派取出，铺上彩椒。彩椒稍微烤过，可以帮助甜味释放。10分钟后取出，只要派皮的周围像焗烤一样会冒泡即可。

能喝的点心

以下介绍用作者的独家配方，所制作出来的各式饮料。一共有6种感觉，就像甜点的水果饮品。请大家把它们当作下午茶的点心。

冰巧克力
chocolat frois

●材料（1人份）
苦甜巧克力……………… 30g
牛奶（全脂）…………… 80g
鲜奶油…………………… 30g

把可可含量60%的苦甜巧克力切成碎片，倒进材质较厚的锅中，用隔水加热的方法融化。接着加入鲜奶油和牛奶，点火加热，同时边搅拌均匀。溶解后，用冰水冷却，再放进冰箱冷藏。

香草水果茶
fruits infusion

●材料（1人份）
柠檬草…………………… 10g
薄荷……………………… 10g
香蜂草…………………… 10g
绿薄荷…………………… 10g
覆盆子…………………… 5g
蓝莓……………………… 8g
石榴……………………… 20粒

把香草和水果倒进水壶，注入热水。如果没有石榴也没关系。

热带水果鸡尾酒
exotique

●材料（1人份）
百香果泥………………… 20g
香槟……………………… 100g

把百香果泥倒进玻璃杯，仔细搅匀。如果用的是冷冻果泥，要先解冻再倒进玻璃杯。再慢慢地加入香槟就完成了。

杏仁糖咖啡
café praline

●材料（1人份）

杏仁酱…………………… 1大匙
浓缩咖啡……………… 100ml
鲜奶油…………………… 适量
杏仁糖…………………… 适量

把热的浓缩咖啡倒进杏仁酱，充分搅拌，让杏仁酱完全溶解。即使不用浓缩咖啡，改用即溶咖啡也可以。在上面挤满鲜奶油（P31），再放上杏仁糖装饰。所谓的杏仁糖，就是裹上糖浆的杏仁。如果没有，用烘焙过的杏仁粒代替也可以。

阿尔萨斯覆盆子
frambois alsacienne

●材料（1人份）

覆盆子果汁…………… 1大匙
牛奶（全脂）………… 150ml
糖浆……………………… 少许
覆盆子…………………… 2颗
鲜奶油…………………… 20ml

使用浓缩型的覆盆子果汁。如果用原汁，味道稍嫌不足。把果汁、糖浆倒进玻璃杯后，再注入牛奶。仔细搅拌以后，再用鲜奶油（P31）和覆盆子装饰。

香草奶昔
crème vanille

●材料（1人份）

卡士达酱………………… 100g
牛奶（全脂）…………… 50g

按照P38的方法制作卡士达酱，再放进果汁机。加入分量为卡士达酱一半的牛奶，一起搅拌。最后倒进玻璃杯，再放上香草荚就完成了。

热红酒
vin chaud

●材料（2人份）

班努斯甜红酒（Banyuls）…… 111g
玛萨拉甜酒（Marsala）………22g
香草荚……………………… 1/4条
八角…………………………1.5颗
肉桂棒……………………… 少许
黑胡椒……………………… 少许
白兰地……………………… 少量

使用了糖度很高的天然甜红酒和班努斯。除了白兰地以外，把其他材料倒进锅中，用极小火加热。沸腾后再煮2分钟左右，关火。最后滴入2~3滴白兰地。

柠檬调酒
citron dór

●材料（1人份）

法式柠檬果酱…………… 30g
热水……………………… 110g
柠檬利口酒……………… 10g
核桃酒…………………… 2.5g
香蜂草…………………… 适量

柠檬利口酒（Limoncello）是意大利的柠檬酒。把酒和果酱倒进杯内，注入热水后，搅拌。接着加入大量的香蜂草，再依个人喜好滴入少许核桃酒。

巧克力饮品

除了巧克力
极为对味的含酒精饮料
也有可可和焦糖风味浓郁的热饮
挑一杯在晚餐后享用吧

白兰地巧克力
Le chocolat de H

●**材料（1人份）**

牛奶（全脂）…………… 99ml
鲜奶油……………………… 11g
苦甜巧克力………………… 22g
白兰地………………………适量

准备可可含量60%的苦甜巧克力，切碎。把牛奶和鲜奶油倒进锅内，加热到沸腾。再加入切碎的苦甜巧克力，煮到锅内转为浓稠。最后再加点白兰地就可以饮用了。

太阳
soleil

●**材料（1人份）**

柳橙果酱………………… 10g
蜂蜜…………………………1g
香橙干邑酒…………………1g
香槟……………………… 60g
覆盆子冰沙………………适量

把柳橙果酱、蜂蜜、香橙干邑酒倒进玻璃杯，搅拌均匀。接着缓缓倒入香槟，再挖一勺覆盆子冰沙放在上面。

咸味焦糖
caramel salé

●**材料（2人份）**

白砂糖……………………………… 11g
材料A
鲜奶油……………………………… 16g
香草荚…………………………… 1/4条
盐………………………………… 0.4g
材料B
牛奶（全脂）…………………… 11g
核桃酒……………………………… 3g
材料C
鲜奶油……………………………… 22g
砂糖………………………………… 2g
牛奶（全脂）………………… 150g

制作焦糖水。把材料A混在一起，煮沸。将砂糖倒进另一锅中，点火加热，制作焦糖酱（P90）。把A加进焦糖酱仔细搅拌后，接着加入B，放凉。把C倒进碗中，打成六分发。再把ABC放进冷冻库，使其凝固。把牛奶倒进杯内，再用电动搅拌器或雪克杯打出奶泡，上面再放一球焦糖冰。边喝边把冰捣碎。

只要有了这些专属的道具

打蛋器　制作点心时绝对不可少了打蛋器。为了方便进行搅拌的作业，建议选择搅拌头大一点、握柄和搅拌部分的连接处结实固定的不锈钢材质。另外也要注意不要让连接处有水分残留。

蛋糕模具　建议至少要准备15cm的慕斯圈、直径5.5cm的小型慕斯圈、直径13.5cm的海绵蛋糕模。慕斯圈除了制作慕斯，只要在下面垫张烘焙纸，就可以当作挞皮和派皮的烤模。至于小型模，还可以充当饼干的压模。所以尺寸不同的模具准备齐全，用起来会很方便。

从左到右分别是水果刀、蛋糕刀、蛋糕抹刀。水果刀是"LA MODE H"的产品。形状经过特殊设计，即使削、切了很多水果依然锋利。蛋糕刀的刀刃呈波浪状，可以把蛋糕漂亮地切下来。蛋糕抹刀的功用是抹平面糊和涂抹奶油。

从左到右分别是**刷毛、橡胶刮刀、擀面杖**。刷毛是用来抹镜面果胶或蛋液的道具，好让烤出来的点心看起来更有光泽。橡胶刮刀是碗底的清道夫；毕竟，即使只有少量面糊残留，也会破坏原有的状态，所以是点心制作的必备道具。擀皮面团的擀面杖，必须只用具备一定重量的产品，才能擀出薄厚均匀的面皮。

矽胶材质的烤模　最近大受欢迎的烤模。优点是就算底部不抹油也不易烤焦，而且材质柔软，只要手指一推就可以轻松脱模。另外，也不会在烘烤的过程中被烤到变色，也没有生锈的问题。清理起来很轻松。照片的烤模是"LA MODE H"的产品，大小是304mm×204mm，耐热温度可达260℃。除了卷心蛋糕，也可以用它来制作生巧克力和果冻。

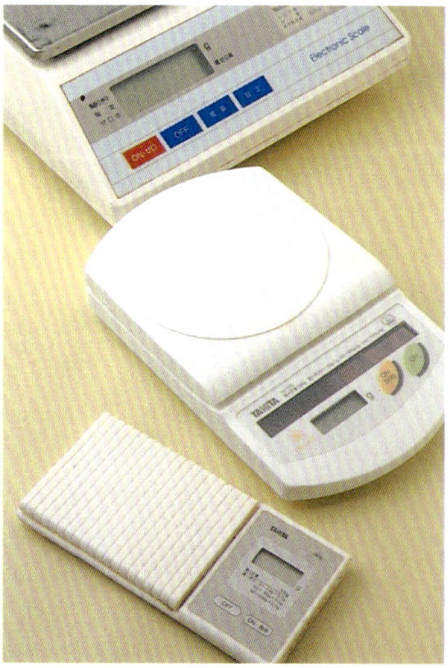

磅秤　制作点心时分量一定要量得很精准，连1g也不能多、也不能少。所以目测绝对是制作点心的大忌。专业人士连0.01g都要斤斤计较。自家烘焙的话，起码也要买个数位电子秤；即使有误差，也在1g以内。发粉和辛香料等使用量都很少，所以如果能准备连 0.1g都可以测量（最前面）的机种，是最理想不过的。

操作起来就很方便

温度计　制作意式蛋白霜或巧克力类的点心时，绝对少不了温度计。最好各准备一支100℃和200℃的温度计。巧克力和其他食材只要100℃的温度计便绰绰有余，但用于意式蛋白霜的糖浆等，需要200℃的温度计。因为200℃温度计要置于高温，所以记得选择周围有用铁片包覆起来的产品。

不锈钢碗　不论是放进冰水冰镇、隔水加热、温度调节等，为了符合制作多数点心时的需要，最理想的容器材质就是不锈钢。"LA MODE H"所用的不锈钢碗，底部很厚，所以稳定感十足，操作起来很方便。而且，这种碗没有碗缘，所以不容易囤积水分和杂质，比较没有卫生上的顾虑。

粉筛　为了防止面粉、可可粉、发粉等各种烘焙会用到的粉类产生结块现象，或者为了让粉类饱含空气以制作出松软口感，使用前必定得先过筛1～2次。作者用的是直径35cm的大型粉筛，必须双手同时作业。一般家庭使用的话，可以选择使用轻便的种类。

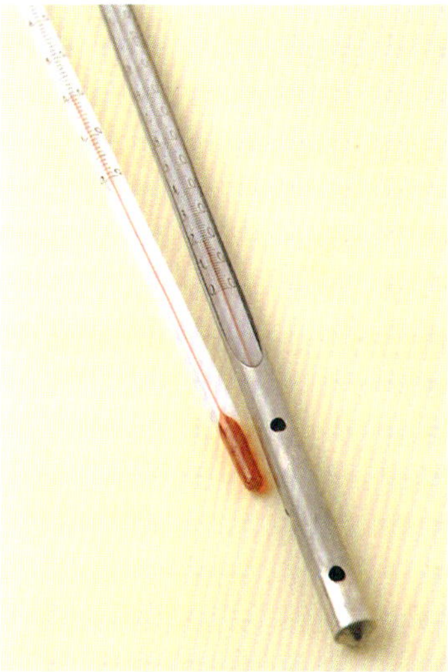

铜锅　虽然必须让火在锅内燃烧，可是又不想烧到焦。遇到要加热卡士达酱或制作泡芙的外皮时，作者一定使用铜锅。因为铜锅的导热性佳，而且受热均匀，不容易烧焦。"LA MODE H"所使用的铜锅，内侧都经过不易生锈的不锈钢加工，所以使用方便，也容易清理。

挤花嘴　虽然挤花嘴的款式很多，不过希望大家必备的是下列两种。一种是用来把泡芙外皮挤在烤盘、把卡士达酱挤进挞皮里的圆形挤花嘴；另一种是挤出奶油做装饰的星形。选择聚氨酯材质的挤花袋，可以重复使用，既经济又环保。

虽然不是专业人士在用
不过手持电动搅拌器
也是在家里制作点心时
不可缺少的重要道具

如果只需打发鲜奶油倒还好，遇到要把蛋黄打到发白、膨胀的时候，如果光靠打蛋器，作业起来真的很辛苦。手持电动搅拌的价格不贵，有了它，制作点心时能节省不少力气，因此，很建议大家购买一台。可以的话，最好选择有两个搅拌头，而且具备可调为高速、中速、低速等速度调节的机型。

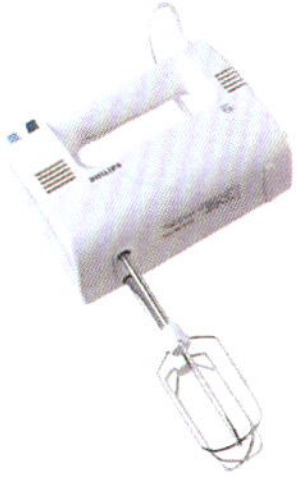

图书在版编目（CIP）数据

自己动手做美味的高级点心/（日）辻口博启著；李瀛译.—沈阳：辽宁科学技术出版社，2011.4
ISBN 978-7-5381-6482-4

Ⅰ.①自… Ⅱ.①辻…②李… Ⅲ.①糕点－制作 Ⅳ.①TS213.2

中国版本图书馆CIP数据核字（2010）第095649号

出版发行：辽宁科学技术出版社
（地址：沈阳市和平区十一纬路29号 邮编：110003）
印 刷 者：辽宁美术印刷厂
经 销 者：各地新华书店
幅面尺寸：168mm×236mm
印　　张：7.5
字　　数：100千字
印　　数：1～4000
出版时间：2011年4月第1版
印刷时间：2011年4月第1次印刷
责任编辑：康　倩
封面设计：屈　铭
版式设计：屈　铭
责任校对：李淑敏

书　　号：ISBN 978-7-5381-6482-4
定　　价：32.00元

联系电话：024-23284367 联系人：康 倩 编辑
邮购热线：024-23284502
E-mail:987642119@qq.com